Das neue Pilzbuch

Das neue Pilzbuch

Pilze sicher bestimmen, richtig sammeln und schmackhaft zubereiten

Von Edmund Garnweidner

TOMUS VERLAG MÜNCHEN

Bildnachweis:
E. Garnweidner: Umschlag-Vorderseite (4), S. 13, 25, 27–91; Fotodesign Fischer: S. 103 + Umschlag-Rückseite, S. 106, 108, 117, 118; 121;
art studio Bodo A. Schieren: S. 105, 111, 113, 114 + Umschlag-Vorderseite, 122
Zeichnungen: Elisabeth Hoc

Redaktion: Tomus Verlag GmbH; Gestaltung: Helmut Mühlberger
Printed in Italy
ISBN 3-920954-14-9

Inhalt

Pilze als Nahrungsmittel

Die besten Pilzrezepte

Das neue Pilzbuch...

... ist Ratgeber und Kochbuch in einem. Die wichtigsten europäischen Pilze – 65 von über 3000 vorkommenden Arten – werden auf Farbfotos in der für sie typischen Umgebung abgebildet. Mehr als die hier vorgestellten braucht man eigentlich nicht zu kennen. Für alle, die gern Pilze sammeln, um sie selbst richtig bestimmen, fein zubereiten und gefahrlos essen zu können, bieten wir die vorliegende Auswahl.

Je mehr man über Pilze Bescheid weiß, desto mehr Spaß macht das Sammeln. Sich gut auszukennen ist nicht so schwer, wie man als Anfänger vielleicht fürchtet. Wer sich vor Augen hält, daß auch die routiniertesten Fachleute Schwierigkeiten haben, die verschiedenen Arten zu unterscheiden, erspart sich Enttäuschungen, sobald ein Pilz trotz eifrigsten Mühens nicht bestimmbar ist. Am besten widmet man sich zunächst den botanischen Merkmalen. Auf den Seiten 17–24 sind diese in anschaulichen Zeichnungen dargestellt und einzeln erläutert. Nehmen Sie sich nicht zuviel auf einmal vor! Beginnen Sie mit der Bestimmung von zwei, drei Pilzarten, und prägen Sie sich vor allem die Merkmale der Pilze ein, die Ihren Speisezettel bereichern sollen!

Viele Pilzarten sind zwar nicht im eigentlichen Sinne des Wortes »giftig«, haben aber wegen ihres unangenehmen Geruchs oder Geschmacks keinerlei Speisewert. Andere wiederum sind zu klein oder zu hart zum Verzehr, oder man findet sie so selten, daß sich eine Bestimmung nicht lohnt. Dieser Hinweis ist besonders wichtig: Falls Sie einen Pilz weder mit Hilfe der Zeichnungen noch der Fotos einzuordnen vermögen, verlieren Sie nicht den Mut und die Freude an diesem Buch! Wir geben Ihnen ja hier eine repräsentative Auswahl der in Frage kommenden Speise- und Giftpilze. Und wer sich bemüht, die abgebildeten und eingehend beschriebenen Arten kennenzulernen, darf sicher sein, daß er sich im Laufe der Zeit ein fundiertes und für ihn als Hobby-Pilzsammler völlig ausreichendes Wissen angeeignet hat.

Wer Pilze gar nicht sammeln, sondern nur kaufen, zubereiten und genießen möchte, kann gleich auf Seite 102 weiterlesen. Dort beginnt der Rezeptteil. Guten Appetit!

Vom Leben der Pilze

Pilze besitzen im Gegensatz zu den höheren Pflanzen kein Blattgrün, können also keine für sie lebensnotwendigen organischen Stoffe selbst aufbauen. Im Kreislauf der Natur ist es vorwiegend ihre Aufgabe, Abfallstoffe wie zum Beispiel abgestorbene Pflanzenteile zu zersetzen und zu verwerten. Nur wenige Arten befallen auch lebende Pflanzen. Pilze sind andererseits in der Lage, komplizierte chemische Verbindungen herzustellen, so verschiedenste Gift- und Farbstoffe, vor allem aber Antibiotika. Überall dort, wo Pflanzen in Verwesung übergehen, sind Pilze am Werk: in Laub- und Nadelstreu der Wälder, an abgestorbenem Holz, auf Dung- und Strohhaufen, in Wiesen und selbst in Blumentöpfen. Und wenn Lebensmittel, Brot oder Marmelade, »schimmeln«, ist das auf Pilze zurückzuführen. Bestimmte Käsesorten schließlich, wie Camembert und Roquefort, erhalten erst durch Schimmelpilze ihren Wohlgeschmack.

Viele höhere Pilze bilden ein unterirdisches Geflecht, das während des ganzen Jahres wächst und sich häufig über große Flächen erstreckt. Zahlreiche Arten entwickeln, ausgehend von der Stelle ihrer ersten Ansiedlung, Jahr für Jahr gleichmäßig weiterwachsende Kreise, Bogen oder Reihen. Aus deren Größe kann man das Alter des jeweiligen Pilzgeflechts abschätzen – oft mehrere Jahrhunderte. Früher glaubte man, an solchen Plätzen versammelten sich nachts die Hexen (daher die Bezeichnung »Hexenringe«).

Eine andere Gruppe, darunter die meisten Speisepilze, lebt in enger Partnerschaft mit Bäumen und bildet ihre Fruchtkörper stets in der Nähe der Saugwurzel des Wirts. Das Geflecht dieser Pilze – es können Dutzende verschiedener Arten an einem Baum sein – dringt in die Wurzel des Baumes ein, und dort entstehen dann auffällige Wucherungen, die sogenannten Mykorrhizen (Pilzwurzeln). Solche Lebensgemeinschaften sind für das Gedeihen der Bäume in den Forsten von großer Bedeutung. Für die Pilze sind sie sogar lebensnotwendig. Fällt man den Baum, werden sie zerstört. Deshalb findet man in frisch durchforsteten Wäldern vorübergehend weniger Pilze.

Wie Pilze sich vermehren

Wenn bei gleichmäßiger Feuchtigkeit und nicht zu tiefen Temperaturen im Spätsommer für die meisten Arten günstige Wachstumsbedingungen herrschen, kommen die Pilze oder, genauer gesagt, ihre Fruchtkörper ans Tageslicht. Hat das Pilzwachstum einmal eingesetzt, geht es sehr rasch; kleinwüchsige Fruchtkörper wachsen im allgemeinen schneller als größere; es stimmt aber nicht, daß die Pilze über Nacht aus dem Boden »schießen«. Ein ausgewachsener Steinpilz steht bestimmt schon etliche Tage, und wer nicht zu den Frühaufstehern gehört, kann genauso gut am Vorabend sammeln.

Einige trockene Tage oder Nachtfröste bringen das Pilzwachstum schnell zum Stillstand. Ob auch die Phasen des Mondes auf das Erscheinen der Pilze Einfluß haben, konnte bis jetzt noch niemand nachweisen.

Die Fruchtkörper sorgen durch die Bildung und Verbreitung der Sporen für die Arterhaltung. Ein mittelgroßer Pilzhut wirft dabei in einer Stunde bis zu 40 Millionen Sporen ab. Diese Sporen sind nur wenige tausendstel Millimeter lang, für das Auge also unsichtbar. Sie ent-

Je größer ein »Hexenring« ist, desto älter muß das kreisförmige Pilzgeflecht sein; hier eine Rüblingsart

stehen bei den Hutpilzen auf den Außenflächen der Lamellen oder Röhren, bei den Bauchpilzen im Innern der Fruchtkörper und bei den meisten anderen Pilzgruppen an der irgendwo auf der Außenfläche liegenden Fruchtschicht. Die sogenannten Ständerpilze, das sind von den auffälligen Arten fast alle Pilzgruppen mit Ausnahme der Morcheln, Lorcheln, Becherlinge und Echten Trüffeln, bilden die Sporen an kleinen Fortsätzen der Ständerzellen. Im Gegensatz hierzu entwickeln die Schlauchpilze, also die Morcheln und verwandten Gruppen, die Sporen in langgezogenen, schlauchartigen Zellen.
Die Vorgänge der Sporenbildung sind nur unter dem Mikroskop sichtbar; dagegen kann man das Sporenpulver der Röhrlinge und Blätterpilze leicht mit dem bloßen Auge sehen: Man legt einen abgeschnittenen Hut mit der Fruchtschicht nach unten auf weißes Papier und deckt ihn mit einem Glas ab. Im Verlauf mehrerer Stunden entsteht aus Sporenstaub ein Abdruck der Lamellen- oder Röhrenschicht, dessen Farbe das richtige Erkennen einer Pilzart erleichtert.

Gibt es heute weniger Pilze?

In den letzten Jahren häufen sich die Klagen, vor allem in der Nähe von Großstädten würden die bekannten Speisepilze durch zu viele Sammler regelrecht ausgerottet. Tatsächlich sind Steinpilze und Pfifferlinge in vielen Gegenden bereits selten geworden. Die Gefahr des Aussterbens besteht aber wohl nicht. Sporen gibt es sicherlich genügend, weshalb Pilze an jeder geeigneten Stelle wachsen können. Man braucht bestimmt keine Angst um ihren Fortbestand zu haben. Es hat auch früher gute und schlechte Pilzjahre gegeben.
Die persönliche Erfahrung täuscht häufig. Wer behauptet, früher habe es viel mehr Pilze gegeben, denkt meistens nur an besonders eindrucksvolle Massenernten. Bisher hat noch niemand den Beweis antreten können, daß das Pilzsammeln tatsächlich zu einem Rückgang der Pilzflora geführt habe. Überall dort, wo das Pilzsammeln verboten worden ist, dienen diese Verordnungen in Wahrheit eher den Interessen der Grundeigentümer und der ortsansässigen Bevölkerung als eigentlich dem Schutz der Pilze.
Um so wichtiger sind die Naturschutzgesetze, die es zum Beispiel in allen deutschen Bundesländern verbieten, Pflanzen mutwillig zu zerstören, also auch Pilze. Wer jeden Pilz herausreißt, den er sieht, handelt unverantwortlich. Naturfreunde sammeln nur die Pilze, die tatsächlich zu verwenden sind, und bemühen sich, das unterirdische Pilzgeflecht möglichst nicht zu schädigen. Ganz junge Pilze, die buchstäblich durch die Maschen des Sammelkorbes fallen würden, sollte man ebenso wie überständige, aber noch Sporen abwerfende Veteranen im Wald stehen lassen.
Zum Pilzkenner wird man auch ganz sicher nicht, wenn man alles mitnimmt, was einem unter die Hände kommt. Nur wer sich zunächst auf die häufigeren und leicht kenntlichen Arten konzentriert und so nach und nach in die Geheimnisse der Pilzwelt eindringt, wird zum wirklichen Pilzkenner werden.

Auch Maden mögen Pilze

Leider ist in Pilzen oft der »Wurm«. Über 100 verschiedene Fliegen- und Mückenarten legen ihre Eier in Pilze ab, vorwiegend nachts. Manche Fliegen bzw.

Mücken gehen dabei recht wählerisch vor und suchen sich ausschließlich bestimmte Arten aus. Nur sehr wenige, zum Beispiel Pfifferlinge, Graukappen und Habichtspilze, bleiben in der Regel verschont. Bei trockenem, warmem Wetter sind Pilzfliegen sehr aktiv. Aus mikroskopisch kleinen Eiern wachsen schnell weiße Maden heran, die zwar nicht giftig, aber unappetitlich sind. Übrigens können auch Pilze, die scheinbar frei von Maden sind, bereits mit Eiern infiziert sein. Deshalb sollten Pilze nach dem Sammeln möglichst bald gereinigt und ausgeschnitten werden.

Im Spätherbst und bei sehr kalter, nasser Witterung sind die Pilze zwar madenfrei, werden dann aber stärker von verschiedenen Schnecken angegangen. An verschiedenen Pilzen kann man auch kleine Insekten beobachten, die Springschwänze. Sie durchziehen den Fruchtkörper mit einem System winziger Gänge. Käferlarven (»Drahtwürmer«) und bestimmte Raubinsekten, die den Maden der Pilzfliegen nachstellen, sind dagegen seltener. Die zahlreichen Pilzkäfer bekommt man nur gelegentlich zu Gesicht, da sie vorwiegend verfaulende Pilze befallen, die von Sammlern nicht beachtet werden.

Was ein Pilzsammler braucht

Das wichtigste ist ein geflochtener, luftdurchlässiger Korb ohne Plastikeinlage mit Deckel oder Abdecktuch und ein glattschneidiges Messer.

Deckel oder Tuch verhindern, daß beim Durchstreifen des Unterholzes Schmutz auf die Pilze fällt. In Taschen oder Einkaufsnetzen werden die Pilze leicht zerdrückt. Völlig unbrauchbar sind Plastiktüten. Sie schließen luftdicht ab; Pilze, die darin transportiert werden, beginnen bereits nach wenigen Stunden zu faulen. Das Messer braucht man, um die Pilze richtig kappen zu können: dicht über dem Boden (ohne dabei wichtige Merkmale des Pilzes zu übersehen!) und zur sofortigen Reinigung. Die eßbaren Pilze werden an Ort und Stelle von Fraßspuren und Schmutz befreit und bereits gesäubert in den Korb gelegt. Pilze dürfen auch »herausgedreht« werden. Dann muß man aber die Öffnung im Boden sorgfältig zudrücken, sonst trocknet das Pilzgeflecht darunter aus.

Die Grundregeln für das Pilzsammeln

Nur mit der richtigen Ausrüstung Pilze sammeln!

Nur Pilze verwenden, die man an allen Merkmalen einwandfrei erkannt hat!

Nur solche Pilze sammeln, die man tatsächlich verwenden kann! Alte, überständige und ganz junge Fruchtkörper stehen lassen!

Niemals die Bodendecke aufreißen oder Moospolster durchwühlen!

Unbekannte Pilze nie zerstören, auch dann nicht, wenn sie für giftig gehalten werden!

Zur Festigung und Erweiterung des eigenen Wissens bei jeder Gelegenheit einen anerkannten Experten oder eine Pilzberatungsstelle zu Rate ziehen!

Nur selbst gesammelte Pilze verzehren – also diesbezügliche Geschenke (oder Einladungen zu Pilzessen) zurückweisen!

Die wichtigsten Regeln für die Pilzbestimmung

Besser daheim bestimmen!

Die Pilzbestimmung erfordert Ruhe, Zeit und viel Geduld und erfolgt deshalb besser zu Hause. Mehr als zwei Arten sollte man sich an einem Tag nicht vornehmen.

Nicht wahllos sammeln!

Man kann im Wald gezielt nach geeigneten Objekten suchen, wenn man sich vorher die Abbildungen der verschiedenen Pilzarten gut eingeprägt hat.

Sorgfältig sammeln!

Die Pilze werden mit dem Zeigefinger vorsichtig aus dem Boden gehoben und möglichst wenig berührt, damit nicht wichtige Erkennungszeichen verlorengehen. Man nimmt stets mehrere Fruchtkörper verschiedenen Alters mit und verpackt sie sorgfältig und getrennt von anderen.

Umgebung beachten!

Beim Sammeln werden gleich an Ort und Stelle Beobachtungen über Standort, zum Beispiel Waldboden, Nadel- bzw. Laubstreu oder Stümpfe, und die in der Umgebung wachsenden Baumarten notiert. Für das spätere richtige Erkennen des Pilzes können diese Angaben wichtig sein.

Alle Merkmale einzeln prüfen!

Hat man im Buch eine dem Pilz ähnliche Abbildung gefunden und sie sorgfältig mit dem Original verglichen, muß anhand der Beschreibung jedes Merkmal überprüft werden. Geringfügige Abweichungen werden in vielen Fällen unter den Hinweisen auf ähnliche Arten zu finden sein. Bleiben aber nur geringe Zweifel, muß man sich damit abfinden, daß der Bestimmungsversuch gescheitert ist. Kein Grund zur Enttäuschung! Denn es gilt der Grundsatz:

Übung macht den Meister!

Auch Pilze, die man bereits kennt, sollten vorsichtshalber gelegentlich mit Abbildung und Text verglichen werden. Wer die ihm bekannten Pilzarten sorgfältig untersucht, alle Merkmale beachtet und mit dem erläuternden Text im Buch vergleicht, gewinnt mit der Zeit Routine, schärft seinen Blick, erleichtert sich das Erkennen neuer Arten und vermeidet Verwechslungen.

Vorsicht ist besser als Nachsicht!

Falls erste Bestimmungsversuche kein eindeutiges Ergebnis erbringen, muß man die Pilze wegwerfen. Die Gefahr einer Vergiftung ist einfach zu groß! Halten Sie sich stets vor Augen, daß die meisten Pilzarten ihr Aussehen im Laufe ihrer Entwicklung oder durch Witterungseinflüsse stark verändern können. Deshalb darf man eine Art erst dann essen, wenn man sie in allen Erscheinungsformen genau kennt.

Experten fragen!

In vielen Gemeinden kann man die Pilze, die man nicht kennt, in entsprechenden Beratungsstellen von Experten kostenlos überprüfen lassen. Auch Kurse in Volkshochschulen nützen. Nicht jeder sogenannte »Pilzkenner« ist aber wirklich ein Experte. Begegnen Sie Ratschlägen Unberufener besser mit Vorsicht!

Aller Anfang ist schwer . . .

Verläuft auch bei genauester Beachtung aller Regeln die Bestimmung negativ, werfen Sie bitte die Flinte nicht ins Korn! Selbst erfahrene Mykologen, so nennt man die Pilzsachverständigen, müssen zugeben, daß sie manchmal einzelne Exemplare nicht mit Sicherheit bestimmen können.

Der Bau der Röhrlinge und Blätterpilze

Zweifellos gilt das Hauptinteresse des Pilzsammlers den meist deutlich in Hut und Stiel gegliederten Röhrlingen und Blätterpilzen, die zur Gruppe der Hutpilze zusammengefaßt werden. Mit rund 2600 Arten stellen sie einen Großteil der heimischen Pilzflora. Auf der Hutunterseite entwickelt sich bei diesen Pilzen die aus Röhren oder Lamellen (Blättern) bestehende, deutlich vom darüberliegenden Hutfleisch abgesetzte Fruchtschicht.
Der Formenreichtum der Hutpilze ist nahezu unerschöpflich. Manche von ihnen haben einseitig am Holz festgewachsene Hüte mit sehr kurzem oder ganz fehlendem Stiel und nehmen dadurch eine zungen- oder muschelförmige Gestalt an. Auch die Größe der verschiedenen Arten schwankt beträchtlich. Die Hütchen der kleinsten Lamellenpilze werden nur etwas über einen Millimeter breit, während die Riesen unter den Hutpilzen bis zu 40 cm Durchmesser erreichen können.
Um das richtige Erkennen der abgebildeten Pilzarten zu erleichtern, werden auf den folgenden Seiten alle in den Beschreibungen verwendeten Ausdrücke durch Zeichnungen erklärt. Vor einer Pilzbestimmung sollte man sich mit den verschiedenen Hut-, Lamellen- und Stielformen eingehend vertraut machen.

Schema eines Blätterpilzes

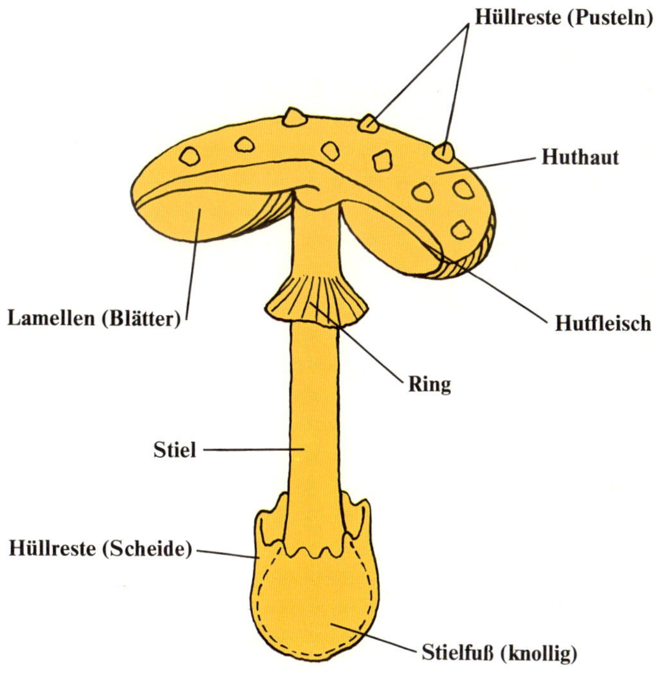

Der Hut - ein wichtiges Erkennungsmerkmal

Die Farbe: Die Hutfarbe kann im Lauf der Entwicklung stark schwanken. Man muß deshalb Pilze verschiedenen Alters sorgfältig mit der Abbildung und den Farbangaben im Text vergleichen.

Viele Pilze sind nach Regen dunkler gefärbt und blassen bei einsetzender Trockenheit von der Hutmitte oder vom Rand her aus; in der Übergangszeit sind sie zweifarbig. Stark ausgetrocknete Pilze verändern häufig auch die Form und sind dann nicht mehr erkennbar.

Die Form: Die anfänglich geschlossenen, halbkugeligen oder kugeligen Hüte breiten sich mit zunehmendem Alter aus und verändern ihre Form. Für einen Vergleich sind frische, voll entwickelte Fruchtkörper am besten geeignet.

kugelig

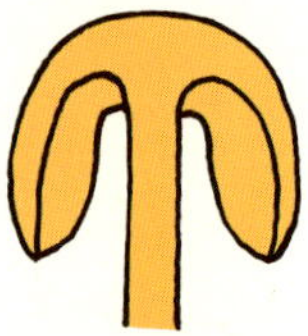

halbkugelig

kegelig

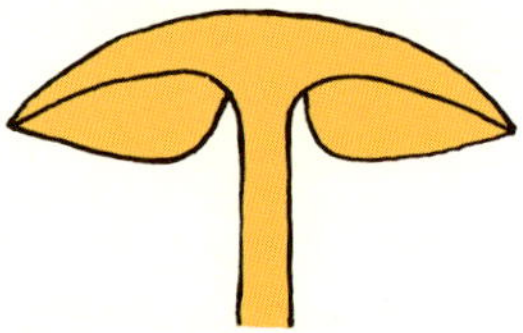

konvex

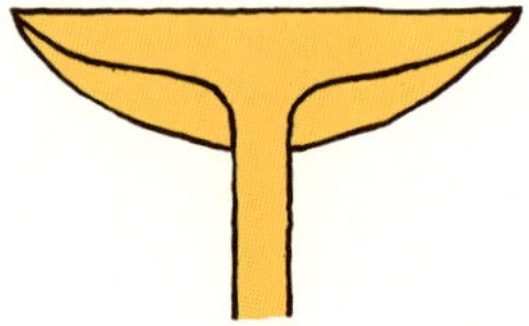

flach

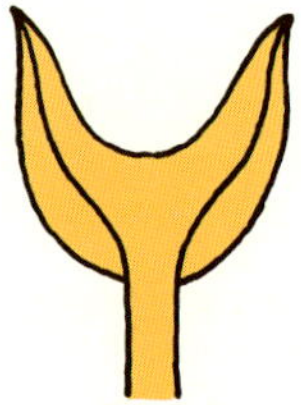

trichterig

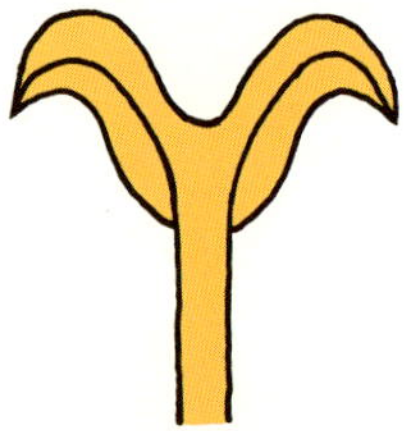

genabelt

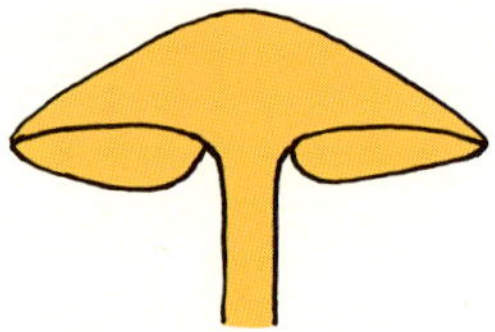

gewölbt

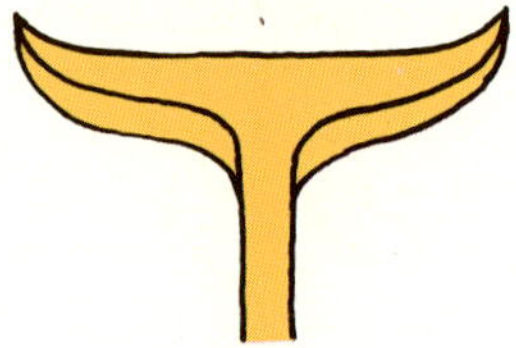

umgeschlagen

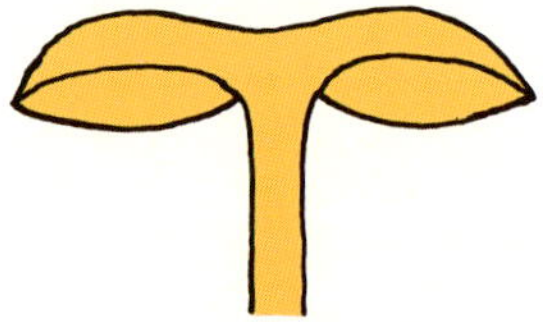

niedergedrückt

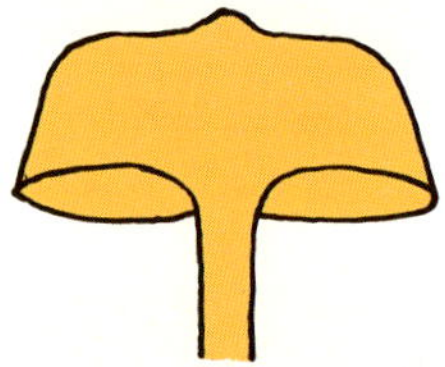

polsterförmig

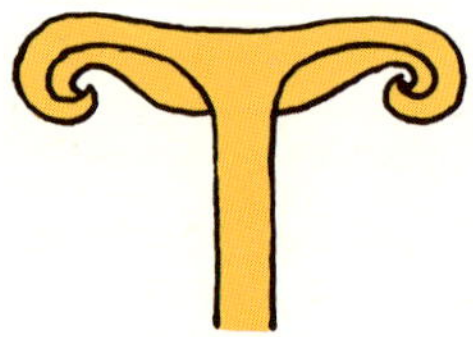

eingerollt

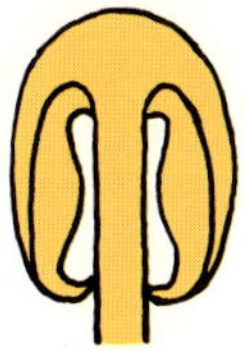

paukenschlegelförmig

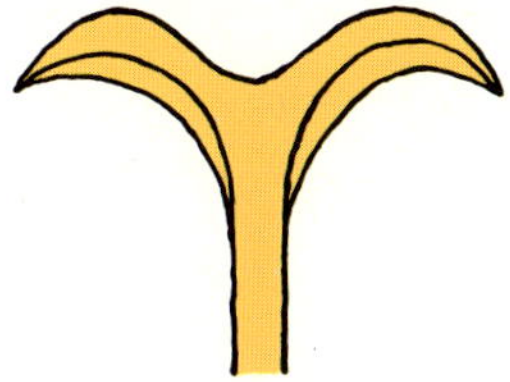

trichterig niedergedrückt

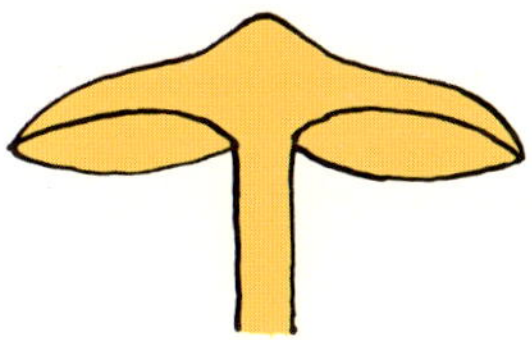

stumpf gebuckelt

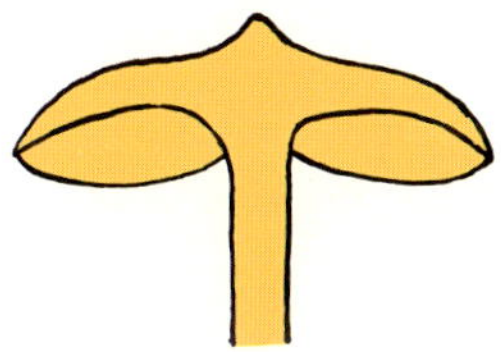

spitz gebuckelt

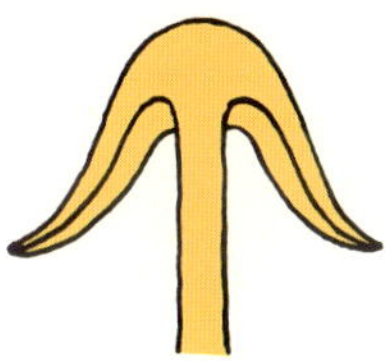

glockig

Die Haut: Es gibt schmierige, glänzende, glatte, samtige, schuppige, faserige und rissige Pilzhüte. Die Oberfläche eines Pilzes kann sich auch im Lauf der Entwicklung und durch Witterungseinflüsse verändern. Manchmal läßt sich die Huthaut ganz oder teilweise abziehen, oft ist sie fest mit dem Hutfleisch verwachsen.

Bei manchen Arten tritt eine kammartige, von den Lamellen verursachte Riefung des Hutrandes auf. Besonders dünnfleischige Hüte werden bei Regen durchsichtig, so daß auch bei einem glatten Hutrand die Lamellen durchscheinen. Diese Pilze nennt man durchscheinend gerieft.

Viele Milchlinge, gelegentlich auch andere Pilzarten besitzen einen kreisförmig (konzentrisch) in verschiedenfarbige Zonen unterteilten Hut. Andere Pilzgruppen zeigen von der Hutmitte zum Rand verlaufende, also radial ausgerichtete Fasern, Schuppen, Runzeln oder Farbstreifen.

geriefter Hut (Scheidenstreifling)

radialfaseriger, rissiger Hut (Rißpilz)

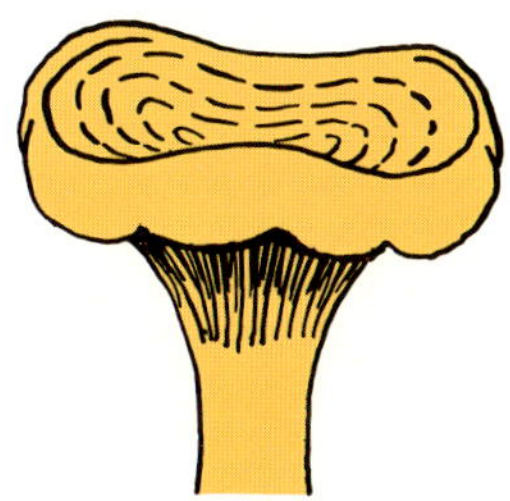

konzentrisch gezonter Hut (Milchling)

Die Lamellen – bitte gut einprägen!

Die Farbe: Die Lamellenfarbe verändert sich mit der Sporenreife. Für Farbvergleiche müssen deshalb möglichst junge Fruchtkörper verwendet werden. So sind zum Beispiel die Lamellen junger Schleierlinge blau, gelb oder weiß, im Alter dagegen rostbraun gefärbt.

Form und Anordnung: Die wichtigsten Lamellenformen kann man sich anhand der nachfolgenden Zeichnungen einprägen. Die nach unten gerichtete Kante nennt man Lamellenschneide; bei schmalen Lamellen verläuft sie gerade oder leicht bogig, bei breiten oft stark bauchig. Dicke Lamellen haben häufig eine stumpfe, dünne Lamellen eine scharfe Schneide.

Nach dem Abstand der einzelnen Lamellen wird von einer gedrängten oder entfernten Anordnung gesprochen. Zwischen den vom Stiel bis zum Hutrand durchlaufenden Lamellen findet man meist kürzere, den Stiel nicht erreichende Lamelletten.

Die Flächen der Lamellen zeigen gelegentlich senkrecht oder schräg verlaufende Rippen, die am Hutansatz mit den Rippen der benachbarten Lamellen verwachsen sind. Diese netzartig oder queraderig verbundenen Lamellen finden sich besonders bei den kleinwüchsigen Blätterpilzen.

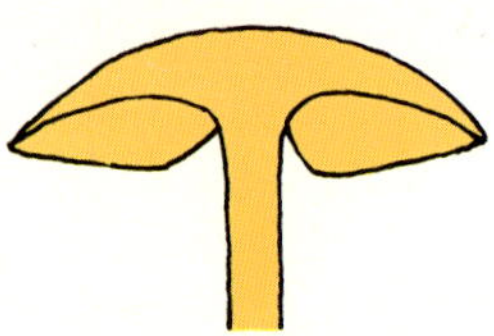

schmal

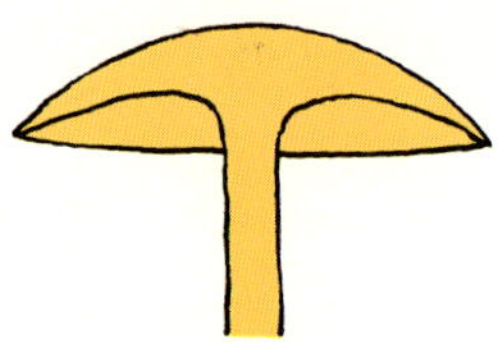

breit

dick
(stumpfe Schneide)

dünn
(scharfe Schneide)

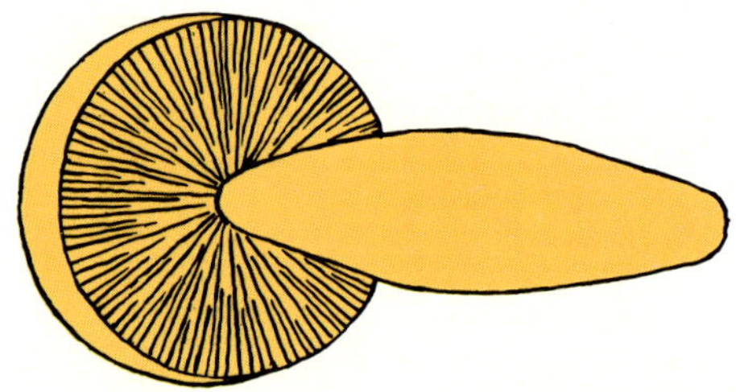

gedrängt

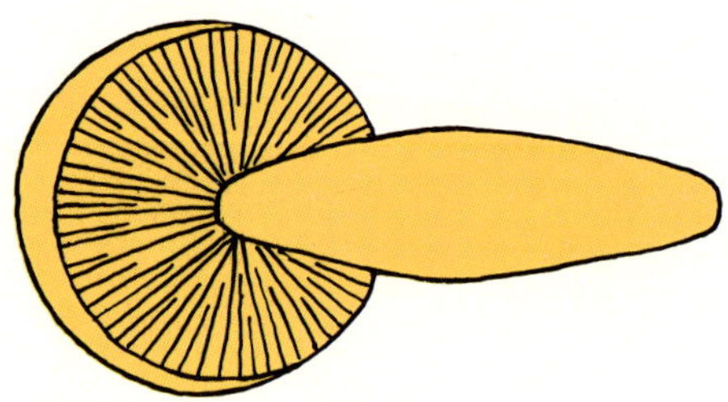

entfernt

Der Stielansatz: Die Art der Lamellenanheftung am Stiel ist für viele Blätterpilze typisch. Zur Beurteilung sollen nach Möglichkeit jüngere Fruchtkörper mit noch gewölbtem oder konvexem Hut verwendet werden, da sich der Lamellenansatz im Laufe der Entwicklung ändern kann. Ausgebuchtete Lamellen werden mitunter gerade, gerade Lamellen erscheinen bei älteren Pilzen mit flach ausgebreitetem oder nach oben geschlagenem Hutrand oft herablaufend.
Man schneidet den Pilz mit einem scharfen Messer möglichst genau durch die Hutmitte in zwei Hälften und erkennt an der Schnittfläche eine der auf den folgenden Zeichnungen dargestellten Ansatzformen. Die zwischen den durchlaufenden Lamellen stehenden kürzeren Lamelletten erreichen den Stiel nicht und können deshalb freie Blätter vortäuschen. Deshalb nur bis zum Stiel reichende Lamellen betrachten!

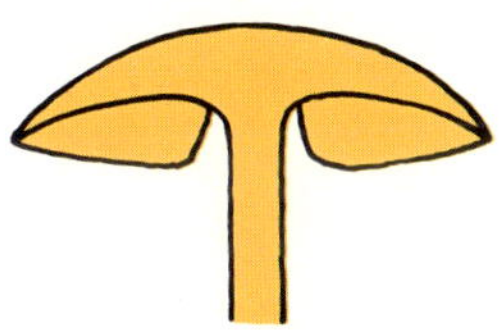

frei
(nicht am Stiel angewachsen)

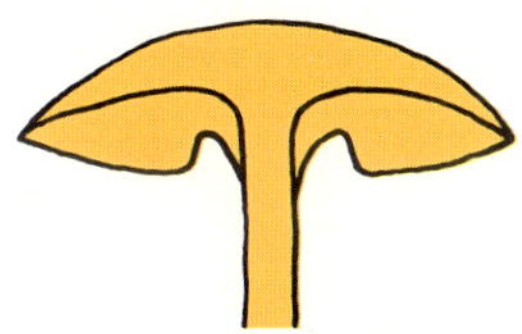

ausgebuchtet
(am Stiel angewachsen)

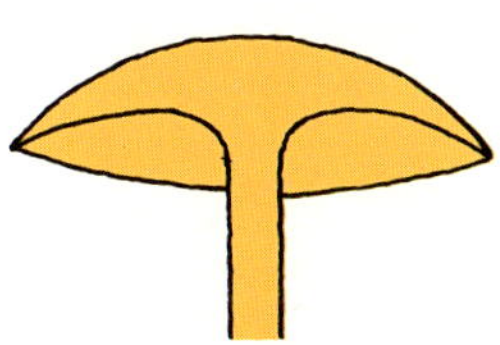

gerade angewachsen

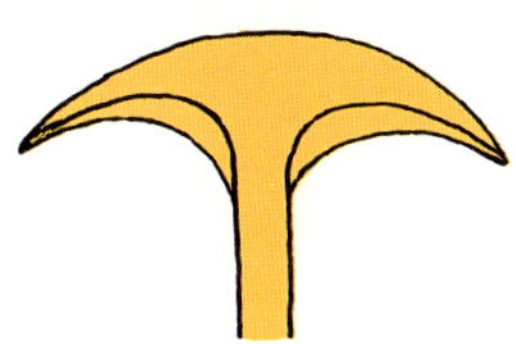

herablaufend

Die Schneide: An der Lamellenschneide, weniger häufig auch auf den Flächen, befinden sich bei etlichen Pilzen nur unter dem Mikroskop sichtbare, weit vorstehende, unfruchtbare Zellen (Zystiden). Bei manchen Arten, zum Beispiel vielen Rißpilzen, stehen diese Zellen so dicht, daß man sie schon mit freiem Auge als einen die Schneide überziehenden flockigen Reif erkennen kann. Zur Betrachtung der Lamellenschneide kann eine Lupe gute Dienste leisten. Bei den beschriebenen Pilzarten kommen die folgenden Formen vor:

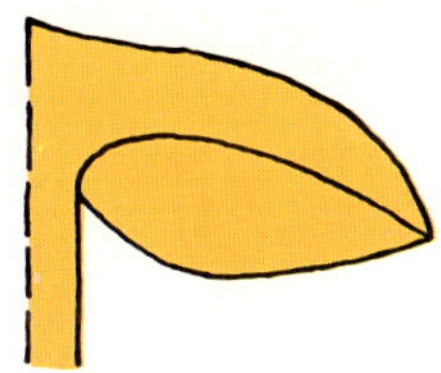

glatt

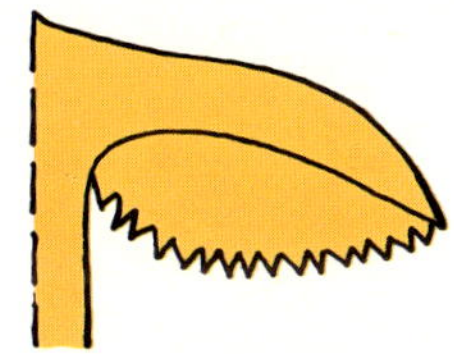

gesägt

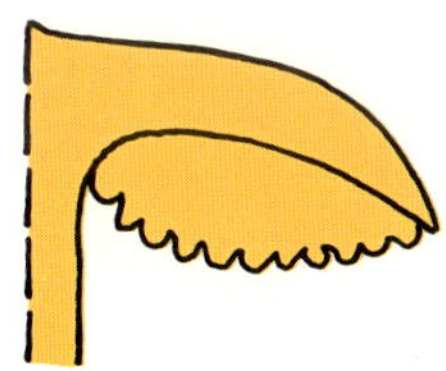

gekerbt

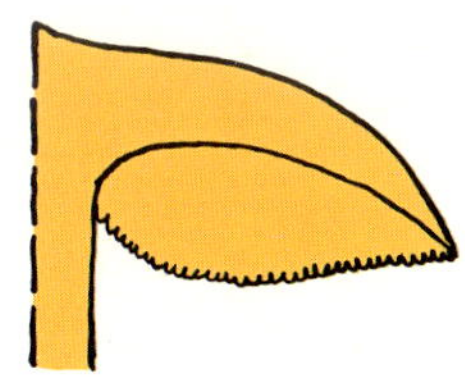

flockig

Auch die Röhren wechseln ihr Aussehen

Die Hutunterseite bei den Röhrlingen besteht aus einer schwammig-weichen, aus senkrechten Röhren bestehenden und leicht vom Hutfleisch lösbaren Schicht. Die nach unten gerichteten Röhrenöffnungen werden Poren genannt.

Die Röhrenschicht wölbt sich im Alter oft breit bauchig nach unten vor; um den Stiel ist sie meist dünner und grabenartig vertieft (niedergedrückt); sie kann aber auch gerade angewachsen sein oder am Stiel herablaufen.

Während die meist graue oder gelbe Röhrenschicht später durch die reifen Sporen braune oder olivgrüne Farbe annimmt, sind die Poren manchmal bis ins Alter leuchtend orange bis tief karminrot gefärbt.

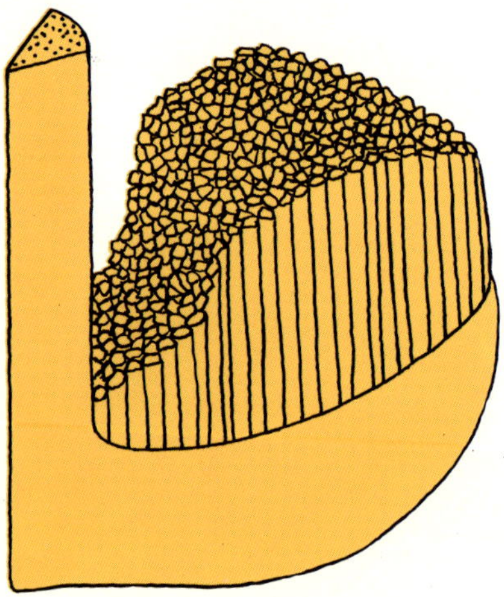

dicke, bauchig vorstehende, niedergedrückte Röhrenschicht mit weiten Poren

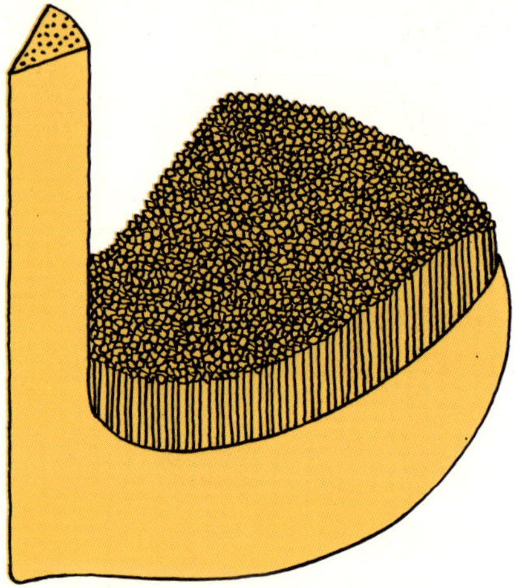

dünne, herablaufende Röhrenschicht mit engen Poren

Der Stiel – die Form ist entscheidend

Längen- und Dickenverhältnisse des Stiels sind vielfach arttypisch. Sehr wichtig ist die Form des Stielfußes. Nur wenn die Fruchtkörper vollständig und unbeschädigt geblieben sind, ist eine genaue Bestimmung möglich. Abgeschnittene Stiele erschweren selbstverständlich diese Aufgabe.

zylindrisch

verjüngt

keulig

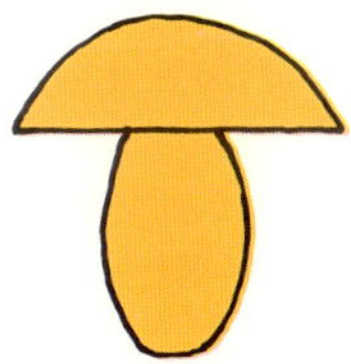

bauchig

knollig

gerandet, knollig

Der Ring gibt gute Hinweise

Viele Pilze besitzen einen im oberen Stieldrittel angesetzten Ring. Neben waagrecht abstehenden Ringformen gibt es aufsteigende, nach unten abziehbare und hängende, nach oben abziehbare Ringe mit glatter oder kammartig geriefter Oberfläche.

Bei ganz jungen Fruchtkörpern liegt der Ring den Lamellen oder Röhren an; im Alter kann er abfallen oder vergehen. Ausnahmsweise löst sich der Ring im Lauf der Entwicklung ganz vom Stiel und hängt dann in großen Fetzen am Hutrand.

hängend und gerieft

breit, hängend und glatt

schmal, hängend und glatt

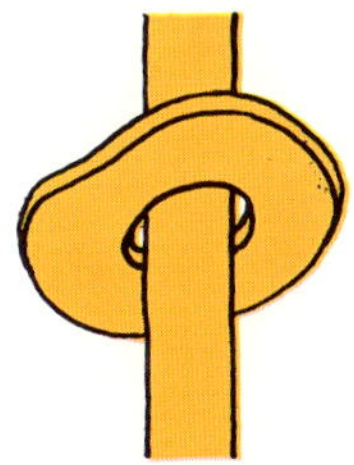

abstehend

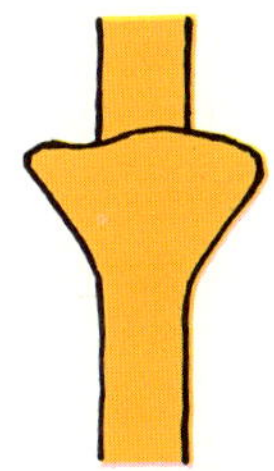

aufsteigend

Die Reste der Hülle

In einigen Pilzfamilien werden die jungen Fruchtkörper von einer Hülle umschlossen, die bald nicht mehr mitwächst, bei Öffnung des Hutes zerreißt und auf den ausgewachsenen Hüten in Form von Pusteln, Warzen, Flocken oder groben Fetzen zurückbleibt. Reste solcher Flocken findet man auch am Rand der Stielknolle. Im Gegensatz zu den fest angewachsenen Hutschuppen lassen sich Hüllreste leicht abwischen und können bei Regen ganz fehlen. Ist die Hülle sehr fest, bleibt sie vollständig am Knollenrand des Stielgrundes zurück. Diese häutigen, Scheide genannten Reste werden, wenn der Pilz tief im Boden steckt, leicht übersehen. Sie sind ein wichtiges Kennzeichen der giftigen Knollenblätterpilze.

Das Fleisch

Die Farbe: Für die Beurteilung der Farbe des Fleisches dürfen nur frische Pilze verwendet werden. Nach dem Durchschneiden des Pilzes kann das Fleisch farbig anlaufen. Bekannt ist die Blauverfärbung bei manchen Röhrlingen und das Röten verschiedener Champignons.
Die Struktur: Manche Pilze besitzen weiches, fast watteartiges Fleisch, andere sind fest, hart oder zäh. Im Stiel ist das Fleisch im allgemeinen fester als im Hut. Es läßt sich dort - ausgenommen bei Täublingen, Milchlingen und Röhrlingen - in Fasern zerteilen. Die Konsistenz des Fleisches wird durch Trockenheit und Regen häufig verändert.
Der Geruch: Die Pilze sind Meister im Nachahmen von Gerüchen. Eine geschulte Nase wird an den vorher etwas zerdrückten Lamellen den süßlichen Geruch der Knollenblätterpilze, den Rettichgeruch des Rettichhelmlings oder den säuerlichen Fruchtgeruch des Speitäublings sofort wahrnehmen. Die Vielfalt der Pilzgerüche ist nahezu unerschöpflich. Es gibt Gerüche nach Mehl, Gurken, Kokosflocken, Maggiwürze, Anis, Kakao, Birnen, Hering, fauligem Kohl, Bittermandel, Knoblauch, Kartoffeln, Stachelbeerkompott oder Leuchtgas. Die Reihe ließe sich fortsetzen.
Der Geschmack: Grundsätzlich ist bei Kostproben an rohen, unbekannten Pilzen Vorsicht am Platz. Nur wenn es sich ganz sicher um keinen lebensgefährlichen Giftpilz handelt, darf ein kleines Lamellenstück gekostet werden. Es wird sofort wieder ausgespuckt. Zur Prüfung, ob Pilze scharf oder bitter schmecken, genügt es meist, die Zungenspitze an die Huthaut zu halten.

Mikroskopische und chemische Merkmale

Für den Speisepilzsammler ist eine Pilzbestimmung mit Hilfe des Mikroskops oder chemischer Reagentien sicher nicht notwendig. Einige schwierig zu erkennende Pilzgruppen wie Rißpilze und Schleierlinge sind aber ohne Messung der Sporen und Untersuchung von Teilen des Pilzgewebes mit dem Mikroskop nicht sicher zu bestimmen. Hier beginnt die Arbeit der Fachleute.

Noch ein Hinweis

Leider lesen die Pilze in den Büchern nicht nach, wie sie wachsen müssen. So findet man immer wieder Fruchtkörper, die von den Beschreibungen abweichende Formen zeigen. Derartige Abnormitäten sind auch bei aller Erfahrung nicht immer richtig einzuordnen.

Ein Waldstück am frühen Morgen – das ideale Revier für den passionierten Pilzsammler

Man kennt noch nicht alle Giftpilze

Die genaue Kenntnis der gefährlichsten Giftpilze ist unerläßlich. Selbst dann sollte alles andere nicht getrost gesammelt werden! Neben einem knappen Dutzend lebensbedrohender Arten gibt es in nahezu allen Pilzfamilien mehr oder weniger starke Giftpilze, die, wenn man sie ißt, neben recht unangenehmen Begleiterscheinungen auch Gesundheitsschäden hervorrufen können. Manche Pilzgruppen sind noch nicht genügend untersucht. Neuerdings haben sich sogar Pilze als gifthaltig erwiesen, die bis vor kurzem noch für eßbar gehalten wurden, so der Netzstielige Hexenröhrling und der Rettichhelmling. Vor Kostversuchen mit unbekannten Pilzarten muß deshalb gewarnt werden!

Giftig oder nicht – wie verhält sich das?

Es gibt zahlreiche Regeln, wie man Giftpilze von eßbaren Arten unterscheiden kann. Sie klingen gut, sind aber alle falsch. Wer Pilze ißt, weil sich die Zwiebeln oder Silberlöffel, die er mitgekocht hat, nicht verfärben, verdankt sein Leben einem glücklichen Zufall. Auch die Behauptung, Schnecken würden keine Giftpilze angehen, ist zu widerlegen: Die stark giftigen Knollenblätterpilze sind oft von Schnecken zerfressen! Giftpilze lassen sich nicht an Geruch, Geschmack, Verfärbung oder anderen allgemeinen Merkmalen erkennen, im Gegenteil. Unter den Röhrlingen, die am stärksten blau anlaufen, sind hochgeschätzte Speisepilze. Die tödlich giftigen Knollenblätterpilze sind dagegen nicht nur schön anzusehen und riechen angenehm süßlich, sie sollen sogar recht wohlschmeckend sein.
Merken Sie sich daher: Ein Giftpilz ist ebenso wie jede andere Pilzart ausschließlich an seinen botanischen Merkmalen zu erkennen!

Die Wirkung von Giftpilzen

Der Genuß mancher Pilzarten löst innerhalb kurzer Zeit Verdauungsstörungen aus. Oft setzen schon nach einer Viertelstunde heftige, meist von Erbrechen und Durchfall begleitete Magenbeschwerden ein. Solche Folgen können vor allem bei Personen mit empfindlichem Magen auch nach dem Verzehr roher oder ungenügend gekochter Speisepilze eintreten. Pilze, die lediglich Verdauungsstörungen hervorrufen, werden nur als ungenießbar bezeichnet. Einige Arten, zum Beispiel der Riesenrötling und der Satanspilz, wirken allerdings so nachhaltig, daß sie ohne weiteres die Bezeichnung »Giftpilz« verdienen.
Weitaus gefährlicher sind Pilze, deren Inhaltsstoffe lebenswichtige Organe schädigen oder zerstören. Die Wirkung setzt dann meist erst nach Stunden ein, sobald die Giftstoffe über Darm und Blutkreislauf im Körper verteilt sind. Zu heftigen Magenkrämpfen treten vielfach Kreislaufstörungen, die sich durch Veränderung des Pulsschlages, auch Seh- und Bewußtseinsstörungen, durch Atemnot, Schweißausbrüche oder starken Speichelfluß bemerkbar machen. Der Erfolg der ärztlichen Behandlung hängt entscheidend davon ab, wieviel Gift geschluckt wurde und wie schnell eine gezielte Therapie einsetzen kann.

Die gefährlichsten Pilzgifte und ihr Vorkommen

Amanitine
Hochtoxisch, wirkt auf Leber, Nieren und Kreislauf; Grüner und Kegelhütiger Knollenblätterpilz, Gesäumter Häubling

Phalloidin
Gleiche Wirkung wie beim Amanitin;
Grüner und Kegelhütiger Knollenblätterpilz

Orellanine
Wirkt stark nierenschädigend bis tödlich;
Orangefuchsiger und Prächtiger Hautkopf

Muscarin
Wirkt lähmend bis tödlich;
Fliegenpilz, Pantherpilz, Gifttrichterling, Rißpilze, Rettichhelmling, Netzstieliger Hexenröhrling, Speitäubling

Maßnahmen beim Verdacht einer Pilzvergiftung

Rasches und richtiges Handeln haben schon manchen Todesfall verhindert. Deshalb beim Auftreten von Beschwerden nach einer Pilzmahlzeit

- **sofort Magen entleeren (zum Erbrechen bringen), starkes Abführmittel nehmen,**
- **alle Reste des Pilzgerichts und Putzabfälle einsammeln und mitnehmen,**
- **eine Behandlungszentrale für Vergiftungen oder das nächste Krankenhaus aufsuchen.**

Selbstverständlich gilt dies für alle Personen, die von dem Gericht gegessen haben, auch wenn noch keine Beschwerden aufgetreten sind.

Achtung Schwermetalle!

In jüngster Zeit wurde enthüllt, daß Pilze Blei, Quecksilber und Cadmium enthalten. Diese giftigen Schwermetalle werden im Körper vorwiegend in den Nieren gespeichert und können in höherer Konzentration zu Gesundheitsschäden, unter Umständen sogar zum Tod führen. Inwieweit sind die Warnungen vor dem Genuß von Pilzen berechtigt?
Giftige Schwermetalle sind in nahezu allen Nahrungsmitteln nachweisbar. Der Schwermetallgehalt der Pilze liegt im allgemeinen deutlich über dem anderer pflanzlicher Kost. Nach dem Stand unserer Kenntnisse sind eine bis zwei Pilzmahlzeiten pro Woche in der Hauptpilzzeit völlig unbedenklich, wenn man nicht regelmäßig auch andere, stark schwermetallhaltige Nahrungsmittel zu sich nimmt. Fisch, Leber und Niere enthalten beispielsweise mitunter sehr hohe Dosierungen. Nur wer große Pilzmengen verzehrt, sollte vorher die besonders schwermetallhaltigen Teile der Pilze entfernen, das sind Röhren, Lamellen und Huthaut. Von den bisher untersuchten Pilzen weisen nur der Anisegerling und die mit ihm verwandten, bei Druck ebenfalls gelb anlaufenden Arten so hohe Mengen an Cadmium auf, daß ein häufiger Genuß bedenklich erscheint.
Der Gehalt an giftigen Metallen scheint vom Wuchsort des Pilzes unabhängig zu sein. Pilze von der Waldgrenze im Hochgebirge wiesen etwa dieselbe Dosis auf wie Fruchtkörper aus Wäldern in Industriegebieten.

Die Behandlungszentren für Vergiftungsfälle

	Tel.-Nr.:
1000 Berlin 19, Spandauer Damm 130 Erste Medizinische Klinik der Freien Universität Berlin, Klinikum Westend, Reanimationszentrum	(030) 3 03 54 36 3 03 54 66 30 35 22 15
1000 Berlin 19, Heubner Weg 6 Universitäts- Kinderklinik Beratungsstelle für Vergiftungserscheinungen	(030) 3 07 30 31
2000 Hamburg 33, Rübenkamp 148 Zweite Medizinische Abteilung des Krankenhauses Barmbeck, Giftinformationszentrale	(040) 6 38 53 45 (040) 6 38 53 46
2300 Kiel, Schittenhelmstraße 12 Erste Medizinische Universitätsklinik Zentralstelle zur Beratung bei Vergiftungsfällen	(04 31) 5 97 32 68
3300 Braunschweig, Salzdahlumer Straße 90 Städtisches Krankenhaus, Entgiftungszentrale	(05 31) 6 22 90
4400 Münster, Westring 3 Medizinische Klinik und Poliklinik, Intensivstation	(02 51) 49 86 67 4 98 22 01 4 98 22 02
4490 Papenburg Marienhospital, Kinderabteilung	(0 49 61) 20 44
5300 Bonn-Bad Godesberg, Adenauerallee 119 Universitäts-Kinderklinik Bonn	(0 22 21) 22 01 08
5400 Koblenz, Moselweißerstraße 115–155 Städt. Krankenanstalten, Kemperhof, Medizinische Klinik	(02 61) 4 60 21 App. 018

	Tel.-Nr.:
6500 Mainz, Langenbeckstraße 1 Zweite Medizinische Universitätsklinik	(0 61 31) 19 28 17 App. 191
6650 Bad Homburg Universitäts-Kinderklinik Bad Homburg (Saar), Informationszentrale für Vergiftungen	(0 68 41) 16 22 57 App. 161
6700 Ludwigshafen, Bergmannstraße 1 Medizinische Klinik der Städtischen Krankenanstalten, Entgiftungszentrale	(06 21) 50 34 31
7800 Freiburg, Mathildenstraße 1 Universitäts-Kinderklinik Freiburg Informationszentrale für Vergiftungen	(07 61) 2 01 43 61
8000 München 8, Ismaningerstraße 22 »Giftnotruf«, Toxikologische Abteilung der II. Medizinischen Klinik rechts der Isar der Technischen Universität	(089) 41 40 22 11
8500 Nürnberg 5, Flurstraße 7–17 Zweite Medizinische Klinik der Städtischen Krankenanstalten, Toxikologische Station	(09 11) 39 81 App. 24 51

Österreich:

1090 Wien, Institutstraße 14 I. Medizinische Universitätsklinik	(0222) 43 43 43

Schweiz:

8000 Zürich, Klosbachstraße 107 Toxikologisches Informationszentrum	(01) 32 66 66

Pilze, die Sie kennen sollten

Das richtige Bild...

... finden Sie leichter, wenn Sie mit der Reihenfolge der Abbildungen vertraut sind. Innerhalb der auf den Seiten 30 bis 84 dargestellten Hutpilze sind die Röhrlinge an den Anfang, die Täublinge und Milchlinge an den Schluß gestellt.
Auf den Seiten 85 bis 95 werden die nicht zu den Blätterpilzen zählenden Arten erklärt.
Pilze, die sich ähnlich sehen, sind stets auf gegenüberliegenden oder aufeinanderfolgenden Seiten dargestellt.
Lassen Sie sich durch die sehr naturgetreuen und die Pilze in den wesentlichen Erscheinungsformen zeigenden Bilder bitte nicht zum Leichtsinn verleiten, und vergleichen Sie in jedem Fall auch die dazugehörigen Texte!

Maronenröhrling

Xerocomus badius

Eßbar

Der braunhütige Röhrling wächst im Nadelwald.
Hut schön kastanienbraun, fein filzig-samtig, bei Regen schmierig, erst halbkugelig, später konvex, zuletzt flach, dickfleischig, meist 5–15 cm breit.
Röhren anfangs weißgrau, dann blaßgrün, später dunkeloliv, bei Druck grünblau anlaufend, Poren sehr eng.
Stiel blaßbraun marmoriert, ganz fein flockig, weder schuppig noch mit Netzzeichnung, meist schlank und zylindrisch, jung gelegentlich auch ziemlich bauchig.
Fleisch gelblichweiß, im Schnitt nur schwach blauend, ziemlich fest, im Stiel etwas bräunlich, geruchlos und mild.
Sporenpulver bräunlicholiv.
Wert: Ein ausgezeichneter Pilz mit kräftigem Aroma, der sich für alle Zubereitungsarten und zum Trocknen eignet. Auch geringe Mengen geben vor allem Suppen und Saucen einen ganz hervorragenden Geschmack. Entfernen Sie vor dem Kochen die braune Hutschicht, dann wird der Maronenröhrling nicht schleimig.
Ähnliche Arten: Der bittere Gallenröhrling (Seite 33) kann in jungem Zustand dem Maronenröhrling ähnlich sehen und unterscheidet sich nur durch den dunkel genetzten Stiel und den bitteren Geschmack. In Wuchs und Hutfarbe gleicht dem Maronenröhrling auch der Schwarzblauende Röhrling (Boletus pulverulentus). Allerdings hat er gelbe Röhren und sofort blauschwarz anlaufendes Fleisch. Er schmeckt so unangenehm, daß man ihn nicht als Speisepilz verwendet.
Verwechslungen mit ähnlichen Schmerröhrlingen und dem Rotfußröhrling (siehe Seite 38) sind ungefährlich.

Steinpilz, Herrenpilz

Boletus edulis

Eßbar

Der bekannteste unserer Speisepilze, kommt hauptsächlich in Gebirgsgegenden vor; am rotbraunen Hut und den anfangs weißen, zuletzt olivfarbenen Röhren gut kenntlich.

Hut zuerst weißlich bis bräunlich, später dunkel kastanienrotbraun, anfangs klein und halbkugelig, dann unregelmäßig gewölbt bis konvex, alt auch flach, bei Regen etwas schmierig, 7–20 cm, selten bis 30 cm breit.

Röhren jung weißlich, dann gelbgrün, im Alter dunkel olivgrün, um den Stiel niedergedrückt, Poren eng, bei Druck nicht verfärbend.

Stiel blaß bräunlich marmoriert, jung besonders an der Spitze mit undeutlichem, hellem, kurzmaschigem Netz, erst derb keulig, später schlanker werdend.

Fleisch weiß, bei Druck nicht blauend, mild, mit angenehmem Geruch.

Sporenpulver olivbraun.

Wert: Ein vorzüglicher Pilz; auch zum Trocknen geeignet. Der Steinpilz wird leider stark von Maden befallen.

Ähnliche Arten: Der ungenießbare, sehr bittere Gallenröhrling ist auf der folgenden Seite abgebildet. Er unterscheidet sich durch die im Alter rosafarbenen Röhren und ein langmaschiges, dunkles Netz am Stiel. Bei jungen Pilzen ist die Unterscheidung oft schwer; dann hilft nur die Geschmacksprobe. Der Sommer-Steinpilz (Boletus aestivalis) wächst schon ab Mai unter Buchen und Eichen. Er ist am Hut etwas samtig und besitzt ein deutlicheres helles Netz am Stiel. Im Geschmack ist er dem Nadelwald-Steinpilz gleichwertig. Weitere, dem Steinpilz ähnliche Arten sind der braunstielige Kiefern-Steinpilz (Boletus pinicola) unter Kiefern und der dunkelbraun, fast schwarz gefärbte Bronze-Röhrling (Boletus aereus), den man, allerdings recht selten, in warmen Laubwäldern findet.

Gallenröhrling

Tylopilus felleus

Ungenießbar

Ein sehr bitterer, im Wuchs dem Steinpilz ähnlicher Röhrling, den man häufig im Nadelwald findet; er unterscheidet sich durch altrosafarbene Röhren von allen anderen Röhrlingen.

Hut hell lederfarben bis satt rötlichbraun, fein filzig, bei Regen etwas schmierig, erst halbkugelig, dann polsterförmig bis flach, 5–15 cm breit.

Röhren anfangs weißgrau, später deutlich rosa, niemals gelb oder grün, bauchig vorstehend, um den Stiel niedergedrückt, mit weiten Poren.

Stiel hellbraun mit dunklem, tief eingegrabenem, langgezogenem, bei jungen Pilzen manchmal undeutlichem Netz, meist nur wenig bauchig-knollig, oft zylindrisch, aber auch keulig.

Fleisch weiß, nicht verfärbend, geruchlos, aber sehr bitter. Die Bitterkeit läßt sich durch Berühren der Huthaut mit der Zungenspitze sofort feststellen.

Sporenpulver rosa.

Wert: Der Pilz ist nicht giftig, doch so bitter, daß ein einziges Stück ein ganzes Gericht verdirbt. Selbst die Maden verschmähen ihn: Sie werden keinen wurmigen Gallenröhrling finden!

Ähnliche Arten: Der Pilz wird von oberflächlichen Sammlern oft mit dem Steinpilz verwechselt, von dem er sich aber durch das dunkle Stielnetz, die rosafarbene Röhrenschicht und den bitteren Geschmack leicht unterscheiden läßt.

Maronenröhrlinge (S. 30) sind im Jugendstadium kleinen Gallenröhrlingen sehr ähnlich. Auch hier verläßt man sich am besten auf die Geschmacksprobe.

Flockenstieliger Hexenröhrling

Boletus erythropus

Eßbar

Ein großer Pilz vom Wuchs eines Steinpilzes, doch mit dunkelbraunem Hut und karminroten Farben auf Röhren und Stiel. Er steht meist einzeln im Nadelwald.

Hut von Dunkelbraun bis Schwarz, im Alter mitunter etwas heller, anfangs halbkugelig, später konvex bis fast flach, filzig, bei Regen etwas schmierig, bis 20 cm breit.

Röhren an den engen Poren von dunklem Karminrot, im Alter etwas heller, Röhrenschicht zitronen- bis grüngelb, bei Druck sofort dunkelblau anlaufend.

Stiel mit feinen, reifartigen, karminroten Flöckchen auf gelbem Grund, nie mit Netzzeichnung, anfangs bauchig-knollig, später schlanker mit keuligem Fuß.

Fleisch gelb, im Schnitt sofort blauschwarz anlaufend, nach wenigen Minuten in ein helles Grünblau verblassend, geruchlos und mild.

Sporenpulver olivfarben bis braun.

Wert: Ein vorzüglicher Speisepilz, der sich für alle Gerichte eignet. Beim Tiefgefrieren oder Trocknen stört die Verfärbung. Zu kurz gekocht kann er Verdauungsstörungen auslösen!

Ähnliche Arten: Der Netzstielige Hexenröhrling (Boletus luridus) hat hellere, von Oliv bis ins Graue spielende Hutfarbe, orangerote Poren und ein dunkles, langgezogenes Netz am Stiel. Er enthält das Pilzgift Muscarin; man sollte ihn deshalb auch nach Abgießen des Kochwassers keinesfalls essen. Der seltene Glattstielige Hexenröhrling (Boletus queletii) unterscheidet sich vom Netzstieligen durch den glatten, ungenetzten Stiel.

Alle übrigen blau anlaufenden Röhrlinge besitzen entweder keine rote Röhrenschicht oder nur blaßgelbes oder weißes Fleisch.

Satanspilz

Boletus satanas

Giftig

Ein überaus seltener grauer, großer Röhrling warmer Buchenwälder. Die wenigsten Pilzsammler bekommen ihn jemals zu Gesicht.

Hut weißgrau mit fein filziger, im Alter kahler Oberfläche, ocker oder grau bis gelb verfärbend, anfangs halbkugelig, bald polsterförmig bis unregelmäßig gewölbt oder flach, dickfleischig und bis über 20 cm breit.

Röhren gelb, an den Poren orange bis purpurrot, alt von den Sporen etwas oliv getönt, bei Druck grünblau verfärbend.

Stiel in der Mitte mit karminrotem, kurzmaschigem Netz auf gelbem Grund, gegen den Fuß meist glatt, derb keulig und meist eher dick als lang.

Fleisch weiß oder blaß gelblichocker, im Schnitt nur schwach verfärbend. Alte Fruchtkörper riechen stark und unangenehm nach faulem Fleisch.

Sporenpulver oliv.

Giftigkeit: Der Satanspilz ist zwar nicht lebensgefährlich giftig, wirkt aber sehr heftig auf die Verdauungsorgane. Er gilt daher als Giftpilz.

Ähnliche Arten: Unter den Röhrlingen gibt es etliche Doppelgänger. Neben den Hexenröhrlingen mit braunem Hut (S. 34) sind dies der jung am Hutrand rosa getönte Rosahütige Röhrling (Boletus rhodoxanthus) und der mehr im Gebirge wachsende Purpurröhrling (Boletus rhodopurpureus) mit schön purpurrotem Hut. Beide sind eßbar; man sollte sie aber allein wegen ihrer Seltenheit stehenlassen. Der bittere Dickfußröhrling (Boletus calopus) hat wie der Satanspilz einen ockerfarbenen bis grauen Hut und rot genetzten Stiel, doch gelbe Poren. Auch der Dickfußröhrling verursacht Verdauungsbeschwerden. Der Wurzelnde Bitterröhrling (Boletus radicans) ist ebenfalls ungenießbar. Vom Dickfußröhrling unterscheidet er sich durch einen wurzelartig verlängerten Stiel und das Fehlen des roten Stielnetzes.

Birkenpilz

Leccinum scabrum

Eßbar

Ein stattlicher, graubrauner Röhrling mit langem, grauschwarz schuppigem Stiel, der unter Birken wächst.

Hut graubraun, auffallend regelmäßig, matt und nur feucht etwas schmierig, halbkugelig bis konvex, sehr dickfleischig, 5–12 cm breit.

Röhren anfangs grauweiß, später grau, niemals gelb oder grün, bauchig vorstehend, um den Stiel niedergedrückt, sehr weich, bei Druck kaum verfärbend.

Stiel weißlichgrau, von grauschwarzen Schüppchen bedeckt, niemals mit Netzzeichnung, lang und schlank mit etwas keuligem Fuß.

Fleisch im Hut weiß und weich, im Stiel viel härter und manchmal gegen den Grund etwas grünblau anlaufend, häufig auch unveränderlich, geruchlos und mild.

Sporenpulver braun.

Wert: Ein Pilz mit herzhaftem Geschmack; doch muß man ihn seines weichen Fleisches wegen bald verwenden. Färbt sich beim Kochen dunkelgrau. Zum Trocknen weniger geeignet.

Ähnliche Arten: Unter den zahlreichen Rauhstielröhrlingen wird der unter Hainbuchen wachsende Hainbuchenröhrling (Leccinum griseum) am häufigsten mit dem Birkenpilz verwechselt. Er hat eine durch zahlreiche kleine Vertiefungen unregelmäßige Hutoberfläche und grau bis violett anlaufendes Fleisch. Er ist wie alle übrigen rot- oder braunhütigen Rauhstielröhrlinge eßbar. Die Rotkappe, ebenfalls ein Rauhstielröhrling, finden Sie auf der folgenden Seite abgebildet. Unter Laubbäumen findet man gelegentlich den Gelben Rauhstielröhrling (Leccinum crocipodium) mit gelber Röhrenschicht.

Rotkappe

Leccinum testaceoscabrum

Eßbar

Der orange- oder ziegelrote Röhrling mit schwarzen Schuppen am Stiel wächst meist unter Birken.
Hut gleichmäßig ziegel- oder orangerot, matt und etwas filzig, anfangs halbkugelig, später konvex bis fast flach, ziemlich dickfleischig, 8–15 cm breit.
Röhren gleichmäßig weißgrau, alt schmutziggrau, nie gelb oder grün, bauchig vorstehend und um den Stiel niedergedrückt.
Stiel weißlich, auf der ganzen Länge gleichmäßig mit schwarzen Schüppchen bedeckt, mitunter etwas knollig-bauchig, meist aber lang und schlank.
Fleisch im Hut weiß und weich, im Stiel fester und im Anschnitt besonders am Fuß oft blau anlaufend, beim Kochen oder Trocknen grauschwarz verfärbend, mild und geruchlos. Sporenpulver braun.
Wert: Die Rotkappe ist sehr schmackhaft, ganz besonders für Pilzgemüse. Zum Trocknen eignet sie sich wegen der unansehnlichen Verfärbung allerdings weniger.
Ähnliche Arten: Unter Zitterpappeln wächst eine Form der Rotkappe (L. aurantiacum) mit kupferrotbraunen Stielschuppen. Sie ist wie alle rauhstieligen Röhrlinge ebenfalls eßbar. Der braunhütige Birkenpilz ist auf der vorangehenden Seite abgebildet.

Rotfuß-röhrling

Xerocomus chrysenteron

Eßbar

Ein kleiner Röhrling mit rotem Stiel und hell graubraunem Hut, der schon ab Juni im Laub- und Nadelwald wächst.

Hut jung dunkel umbrabraun, matt und kahl, oft wie bereift aussehend, später heller braungrau, fein filzig und in einzelnen, kleinen Feldern aufreißend, erst halbkugelig, dann konvex, ganz alt auch flach, nie schmierig, bis 8 cm breit.

Röhren zuerst blaßgelb, im Alter dunkler gelbgrün, Poren sehr eng; bei Druck verfärben sie sich selten blau.

Stiel mit feinen karminroten Flöckchen auf gelbem Grund, oft ganz rot, mitunter, vor allem im Spätherbst, rein gelb, zylindrisch, glatt, ohne Netz.

Fleisch in Hut und Stiel gleichmäßig gelb, manchmal etwas blau anlaufend, bei jungen Pilzen ziemlich fest, später vor allem im Hut weich und schwammig, dann rasch faulend, fast geruchlos und mild.

Sporenpulver bräunlich-oliv.

Wert: Junge und festfleischige Pilze mit noch glatter Huthaut ergeben ein wohlschmeckendes Gericht und eignen sich vorzüglich zum Trocknen. Alte Fruchtkörper schmecken nicht mehr. Sie werden schnell von einem Schimmelgeflecht überzogen.

Ähnliche Arten: Die Ziegenlippe (Xerocomus subtomentosus), ein guter Speisepilz, unterscheidet sich durch olivbraunen, stets filzigen Hut und mattgelbe, weite Röhren. Weder Hut noch Stiel sind rot gefärbt. Das überaus seltene Goldblatt (Phylloporus rhododoxanthus) sieht dem Rotfußröhrling von oben sehr ähnlich, besitzt aber Lamellen auf der Hutunterseite.

Butterpilz

Suillus luteus

Eßbar

Ein dunkel schokoladenbrauner, schleimiger Röhrling mit beringtem Stiel, der ausschließlich bei Kiefern wächst.

Hut gleichmäßig schokoladen- oder gelblich braun und stark schleimig, bei Trockenheit auch glänzend und radial gestreift, erst halbkugelig, später breit konvex, abziehbare Huthaut am Rand oft etwas vorstehend, 4–10 cm breit.

Röhren blaßgelb, weich und schwammig, Poren eng, bei Druck nicht verfärbend.

Stiel mit breitem, häutigem, weißem, auf der Unterseite schleimigem Ring, der nach unten abziehbar ist, darüber weiß oder etwas gelb, trocken und mit einigen dunklen Pünktchen, unterhalb des Ringes stark schleimig und oft braun gefleckt.

Fleisch weiß bis gelblich, sehr weich und wässerig, nicht verfärbend, mit angenehmem obstartig-säuerlichem Geruch und Geschmack.

Sporenpulver rostbraun.

Wert: Der Butterpilz besitzt keinen besonders kräftigen Eigengeschmack. Wegen seines sehr weichen Fleisches, das rasch verdirbt, muß er bald verwendet werden; zum Trocknen ist er ungeeignet. Die schleimigen Teile werden vor dem Zubereiten entfernt.

Ähnliche Arten: Alle übrigen Röhrlinge mit Ring sind eßbar. Zu ihnen gehört der im Wuchs ähnliche, goldgelb bis orangebraun gefärbte Goldröhrling (Suillus grevillei) mit rasch verschwindendem Ring. Er wächst unter Lärchen. Seltener ist der Graue Lärchenröhrling (Suillus aeruginascens), der sich nur durch graue Farben unterscheidet.

Der eßbare Schmerling (Suillus granulatus) wächst oft zusammen mit dem Butterpilz bei Kiefern. Er ist etwas heller, stark schmierig und besitzt einen unberingten, dunkelpunktierten Stiel. Der ringlose Kuhröhrling (Suillus bovinus), ebenfalls bei Kiefern, hat weite, kupferbraune Röhren. Sein Wert ist gering.

Sandröhrling

Suillus variegatus

Eßbar

Ein Röhrling mit sandfarbigem, rauhem Hut und dunkel oliv gefärbter Röhrenschicht, der in Nadelwäldern auf sandigem Boden meist zusammen mit Heidelbeeren wächst.

Hut gelbbraun bis sandfarben, fein filzig, trocken und nur bei starkem Regen etwas schmierig, anfangs halbkugelig, dann konvex bis flach, 6–9 cm breit.

Röhren anfangs auffallend dunkel oliv gefärbt, später olivgelb, mit kleinen, etwas dunkleren Poren.

Stiel zylindrisch, nur gelegentlich etwas bauchig, wie der Hut gefärbt, feinfilzig und matt, ohne Ring.

Fleisch gleichmäßig sandfarben bis gelblich, unveränderlich oder schwach blau verfärbend, mild mit etwas säuerlichem Geruch. Sporenpulver oliv.

Wert: Unter den Röhrlingen gehört dieser Pilz zu den weniger wohlschmekkenden Arten.

Ähnliche Arten: Der Kuhröhrling (Suillus bovinus) mit kupferrotem, schmierigem Hut und weiten kupferbraunen Röhren wächst nur bei Kiefern und ist ebenfalls ein geringwertiger Speisepilz. Der seltene, auf entsprechenden Böden wachsende Kornblumenröhrling (Gyroporus cyanescens) hat ähnlich gefärbten, filzigen, nach Regen auch schmierigen Hut, gelbgrüne Röhren und sofort kornblumenblau anlaufendes Fleisch. Er ist eßbar. Der nur bei Erlen wachsende Erlen-Grübling (Gyrodon lividus) hat kleinporige, am Stiel herablaufende gelbe Röhren.

Kahler Krempling

Paxillus involutus

Bedingt eßbar

Ein braungefärbter Blätterpilz des Nadelwaldes mit lange eingerolltem Hutrand und ockerbraunen, fleckigen Lamellen.

Hut dunkel ocker- bis gelbbraun, etwas fleckig, bei Regen stark schmierig, anfangs flach, später trichterförmig verbogen oder niedergedrückt, mit eingerolltem, jung flaumigem, im Alter etwas gekerbtem Rand, meist 8–15 cm breit.

Lamellen holzgelb, bei Berührung dunkel fleckend, sehr schmal, dünn und gedrängt stehend, in einer Schicht vom Hutfleisch lösbar, weit herablaufend, mit glatter Schneide.

Stiel wie der Hut gefärbt, auffallend kurz, zylindrisch, kahl und glatt.

Fleisch: gelblich-ockerfarben, bei Druck fleckend, mit obstartigem Geruch und mildem Geschmack.

Sporenpulver rostbraun.

Wert und Giftigkeit: Rohe oder zu kurz gekochte Pilze sind sehr giftig und haben schon mehrmals Todesfälle verursacht. Gekocht oder gebraten schmeckt der Pilz zwar vorzüglich, doch kommt es bei wiederholtem Genuß im Blut zu einer Antikörperbildung gegen die im Pilz enthaltenen Wirkstoffe. Dabei treten zunächst keine Beschwerden auf. Eine einzige Kremplingsmahlzeit kann dann, selbst nach langer Pause, eine heftige Vergiftung auslösen, die bei leukämieähnlichem Krankheitsbild zum Tod führt.

Ähnliche Arten: Der Samtfußkrempling (Paxillus atrotomentosus) an toten Nadelbäumen besitzt einen bis 30 cm breiten, fein samtigen Hut und dunkelbraun filzigen Stiel. Er ist ungenießbar.

Großer Gelbfuß, Kuhmaul

Gomphidius glutinosus

Eßbar

Ein braungrauer, auf Hut und Stiel stark schleimiger Blätterpilz des Laub- und Nadelwaldes mit dicken, weißgrauen, weit herablaufenden Lamellen.

Hut schmutzig braungrau, jung auch von stumpfem Violett, im Alter oft mit schwarzbraunen Flecken, anfangs halbkugelig, später konvex, alt flach, stets mit einer dicken, glänzenden Schleimschicht überzogen, dickfleischig, 5–10 cm breit.

Lamellen anfangs rein weiß, im Alter zunehmend dunkelgrau, sehr dick und entfernt stehend, gegabelt und am Stiel weit herablaufend, mit glatter und stumpfer Schneide, jung von der durchsichtigen Schleimschicht verdeckt.

Stiel weißgrau, am Fuß zitronengelb, zylindrisch, von einer dicken Schleimschicht überzogen.

Fleisch rein weiß, am Stielfuß gelb, sehr weich, geruchlos, mild.

Sporenpulver schwarz.

Wert: Trotz des unappetitlichen Schleims ist das Kuhmaul ein guter Speisepilz, allerdings mit wenig Eigengeschmack. Man mischt es deshalb mit anderen, aromatischeren Arten. Zum Trocknen eignet es sich nicht. Den glitschigen Überzug entfernen Sie bitte gleich beim Sammeln.

Ähnliche Arten: Der etwas kleinere, ähnlich gefärbte, eßbare Gefleckte Schmierling (Gomphidius maculatus), dessen Stiel nicht gelb ist und der bei Druck stark verfärbt, wächst nur bei Lärchen. Verwechslungen mit anderen Pilzen sind kaum denkbar, wenn man auf den Schleimüberzug und die dicken, weißgrauen Lamellen achtet.

Filziger Gelbfuß

Chroogomphus helveticus

Eßbar

Ein mittelgroßer, halbkugeliger, orangefarbener Blätterpilz mit weit herablaufenden Lamellen, der nur unter Fichten in Gebirgswäldern wächst.

Hut orangefarben, im Alter und bei längerem Reiben schön karminrot anlaufend, manchmal ganz karminrot, grob filzig und nie schmierig, stets halbkugelig, sehr dickfleischig, 4–7 cm breit.

Lamellen jung orangegelb, bald von den Sporen schwarzgrau bestäubt, sehr dick und entfernt stehend, am Stiel in weitem Bogen herablaufend, mit stumpfer und glatter Schneide.

Stiel wie der Hut gefärbt, ziemlich lang und etwas filzig.

Fleisch lebhaft orangegelb, watteartig weich, mild und geruchlos.

Sporenpulver schwarzgrau.

Wert: Den Filzigen Gelbfuß haben wir hier zum ersten Mal abgebildet. Er ist ein leicht kenntlicher, schmackhafter Speisepilz, der im Alpengebiet sehr häufig vorkommt.

Ähnliche Arten: Der Kupferrote Gelbfuß (Chroogomphus rutilus) wächst häufig unter Kiefern und unterscheidet sich durch den schmutzig rotbraunen, schmierigen, bei Trockenheit glänzenden und glatten Hut. Auch er ist eßbar. Verwechslungen mit anderen von oben ähnlichen Arten sind ausgeschlossen, wenn man auf die breiten und weit herablaufenden, schwarzgrau gefärbten Lamellen achtet.

Fliegenpilz

Amanita muscaria

Giftig

Dieser schönste Pilz des Waldes wächst meist gesellig auf sauren Böden in Nadelwäldern.

Hut scharlachrot, jung mitunter auch orange oder gelb, unter der Huthaut immer kräftig zitronengelb, anfangs kugelig, dabei meist völlig von einer weißen Hülle bedeckt, die sich später in einzelne, leicht abwischbare Pusteln auflöst, oft ganz kahl, später zunehmend konvex, im Alter auch flach oder am Rand etwas umgeschlagen und dort deutlich kammartig gerieft, schmierig und etwas glänzend, 8–15 cm breit.

Lamellen weiß, dünn und ziemlich gedrängt stehend, breitbauchig, am Stiel frei, mit glatter Schneide.

Stiel weiß, etwas flockig, mit breitem, häutigem, an der Oberseite glattem, hängendem Ring; am Fuß mit breiter, am Rand von weißen Hüllresten gesäumter Knolle.

Fleisch weiß, geruchlos und mild.

Sporenpulver weiß.

Giftigkeit: Der Fliegenpilz enthält in geringen Mengen Muscarin, ein lähmendes und in höherer Dosis tödliches Gift, sowie Muscaridin, das gegenteilig wirkt und das Muscarin in gewisser Weise neutralisieren kann. Der Giftgehalt schwankt beträchtlich: Mitunter schaden Fliegenpilze überhaupt nicht; es gab aber auch schon tödliche Vergiftungen. Die aus Osteuropa bekannte rauschgiftähnliche Wirkung führt man auf die im Pilz enthaltene Ibotensäure zurück. Obwohl sich der Pilz durch Abgießen des Kochwassers weitgehend entgiften läßt, raten wir vom Genuß unbedingt ab.

Ähnliche Arten: Junge, noch von der Hülle umschlossene Fliegenpilze kann man mit Stäublingen verwechseln; beim Durchschneiden sieht man sofort die gelbrote Huthaut.

Der Kaiserling (Amanita caesarea) wächst nur in wärmsten Gegenden. Er hat gelbe Farben auf Lamellen und Stiel.

Grüner Knollen-blätterpilz

Amanita phalloides

Sehr giftig

Der olivgrüne Blätterpilz mit knolligem, von einer weißen Scheide umgebenem Stielfuß wächst unter Eichen, manchmal auch bei Buchen.

Hut in der Mitte dunkel olivgrün, am Rand heller und jung oft rein weiß, seltener zitronengelb oder auch völlig weiß, häufig radial gestreift, anfangs halbkugelig und ganz von einer weißen, schalenartigen Hülle bedeckt, beim Aufschirmen erst konvex, dann vollkommen flach oder am Rand etwas hochgebogen, glatt und nicht schmierig, niemals gerieft, meist ohne Scheidenreste am Hut, 5–10 cm breit.

Lamellen rein weiß und sehr dicht stehend, am Stiel frei, im Alter etwas bauchig vorstehend mit glatter Schneide.

Stiel auf weißem Grund grünlich genattert, schlank und dünn, mit sehr weit oben angesetztem, breitem

und leicht zerreißendem, hängendem Ring, der jung die Lamellen verdeckt, sich dann löst und oft ganz fehlt oder in Fetzen am Hutrand hängt. Fuß breit knollig, tief im Boden, am Rand mit den unregelmäßig zerrissenen Resten der schalenartigen Hülle (Scheide) gesäumt.

Fleisch weiß, mit deutlich süßlichem, an Kunsthonig erinnerndem Geruch.

Sporenpulver weiß.

Giftigkeit: Schon ca. 50 g Frischgewicht dieses giftigsten aller Pilze sind absolut tödlich. Die stark auf Leber, Niere und Kreislauf wirkenden Giftgruppen Amanitin und Phalloidin lassen sich weder durch Kochen noch durch Trocknen zerstören.

Ähnliche Arten: Der Zitronengelbe Knollenblätterpilz (Amanita citrina) hat grobe Hüllfetzen auf dem blaßgelben Hut, gerandete, scheidenlose Knolle und riecht deutlich nach rohen Kartoffeln.

Die jung ähnlichen, am Hutrand aber gerieften und ringlosen Scheidenstreiflinge finden Sie auf S. 49.

Beim Sammeln weißlamelliger, beringter Blätterpilze ist Vorsicht geboten.

Kegelhütiger Knollenblätterpilz

Amanita verna

Sehr giftig

Ein weißer, schlankwüchsiger Blätterpilz des Nadelwaldes ähnlich dem Grünen Knollenblätterpilz und ebenfalls tödlich giftig.

Hut erst rein weiß, später in der Mitte cremefarben oder bräunlich, anfangs stumpf kegelig und völlig von einer schalenartigen, weißen Hülle umgeben, die später am Rand der Stielknolle zurückbleibt, dann kegelig-konvex, niemals flach, schmierig, am Rand nie gerieft, 4–10 cm breit.

Lamellen rein weiß, dünn und gedrängt, am Stiel frei, mit glatter Schneide.

Stiel weiß, schlank, mit weit oben angesetztem, breitem, häutigem, hängendem Ring, darunter mit grobflockigen weißen Schuppen besetzt. Bei jungen Pilzen verdeckt der vom Hutrand zum Stiel gespannte Ring den Blick auf die Lamellen; bei älteren kann er fehlen oder in Fetzen am Hutrand hängen. Stielfuß mit breiter, tief im Boden versteckter, von einer häutigen weißen Scheide gesäumter Knolle.

Fleisch weiß, mit süßlichem, kunsthonigartigem Geruch.

Sporenpulver weiß.

Giftigkeit: Der Pilz wächst hauptsächlich in den Bergwäldern Süddeutschlands. Er enthält die Gifte des Grünen Knollenblätterpilzes und hat schon zahlreiche Todesfälle verursacht.

Ähnliche Arten: Egerlinge haben niemals weiße Lamellen, einen oft knolligen, aber scheidenlosen Stiel; der Hut ist nie schmierig und verfärbt sich bei vielen Arten gelb, sobald man ihn berührt. Der nur schwach giftige Zitronengelbe Knollenblätterpilz (Amanita citrina) hat eine brüchige, in groben Fetzen am Hut haftende Hülle, die nie eine Scheide bildet. Er riecht nach rohen Kartoffeln.

Pantherpilz

Amanita pantherina

Giftig

Ein brauner Blätterpilz mit weißen Pusteln am Hut und der Gestalt eines kleinen Fliegenpilzes, steht einzeln oder in kleinen Gruppen in Laub- und Nadelwald.

Hut dunkelbraun mit rein weißen, flockigen und abwischbaren, häufig auffallend regelmäßig konzentrisch angeordneten Pusteln, bei Regen mitunter kahl, anfangs kugelig, dann konvex, alt flach, Hutrand oft, aber nicht immer oder erst im Alter gerieft, 5–9 cm breit.

Lamellen rein weiß, dünn und gedrängt stehend, am Stiel frei, mit glatter Schneide.

Stiel rein weiß, etwas flokkig, mit schmalem Ring, der nach unten hängt und auf der Oberseite völlig glatt und niemals gerieft ist, am Fuß mit scharf abgesetzter, gerandeter, napfförmiger, von flockigen Hüllenresten gesäumter Knolle.

Fleisch weiß, weich, nicht verfärbend, mit schwachem Rettichgeruch, mild.

Sporenpulver weiß.

Giftigkeit: Der Pantherpilz enthält wie der Fliegenpilz die Gifte Muscarin und Muscaridin, allerdings in erheblich stärkerer Konzentration. Er wirkt stark auf den Kreislauf und hat schon mehrfach Todesfälle verursacht.

Ähnliche Arten: Der Graue Wulstling (Amanita spissa) sieht dem Pantherpilz überaus ähnlich. Dieser Speisepilz unterscheidet sich durch mehr graubraune Farben, unregelmäßig angeordnete grauweiße Pusteln, einen zwar knolligen, aber nicht gerandeten Stielgrund und – als einziges verläßliches Kennzeichen – einen kammartig gerieften (beim Pantherpilz glatten!) Ring. Sammeln Sie den Grauen Wulstling nur, wenn Sie beide Arten wirklich genau kennen.

Perlpilz

Amanita rubescens

Eßbar

Ein sehr formenreicher, meist rötlichbrauner Blätterpilz des Laub- und Nadelwaldes mit weißen Lamellen und gerieftem Ring.

Hut in der Farbe ziemlich veränderlich, meist rötlichbraun, oft mit gelblichen Beitönen, auch grauweiß oder dunkel braunrot, vielfach fleckig, mit grauen Flocken und Pusteln bedeckt, die oft zusammenhängende Flächen bilden. Bei Regen auch kahl, erst halbkugelig, dann flach, am Rand nie gerieft, 4–15 cm breit.

Lamellen rein weiß, manchmal rot fleckig, ziemlich breit, gedrängt stehend, am Stiel frei, Schneide glatt.

Stiel weiß, etwas rötend, verdickt sich von oben nach unten allmählich, am Fuß mit einer am Rand von Hüllresten gesäumten, nicht abgesetzten Knolle, unterhalb des breiten, hängenden und gerieften Rings fein flockig-schuppig bereift.

Fleisch weiß, läuft bei Verletzung und an Fraßstellen langsam rötlich an, bei jungen Pilzen manchmal unveränderlich, mild und geruchlos.

Sporenpulver weiß.

Wert: Der Perlpilz gehört zu den besten Speisepilzen und eignet sich für alle Zubereitungsarten, jedoch nicht zum Trocknen.

Ähnliche Arten: Der eßbare Graue Wulstling (Amanita spissa) unterscheidet sich durch grau bis graubraun gefärbten Hut. Sein Fleisch färbt sich niemals rot.

Vielfach wird vor dem Falschen Perlpilz (Amanita pseudorubescens) gewarnt, der sehr giftig sein soll, aber seit seiner Entdeckung im Jahr 1935 nicht mehr gefunden wurde.

Scheiden-streifling

Amanita vaginata

Eßbar

Ein stattlicher Blätterpilz, sehr verschieden gefärbt mit gerieftem Hutrand. Er wächst meist allein.

Hut weißgrau, graubraun, olivgrau oder orangebraun, am Rand immer deutlich kammartig gerieft, anfangs kegelig und völlig von der weißgrauen oder rötlichbraunen Scheide umschlossen, später gleichmäßig konvex, im Alter auch flach oder am Rand umgeschlagen, in der Mitte manchmal mit einigen grauen Scheidenresten, meist aber völlig kahl, 5–12 cm breit.

Lamellen rein weiß, am Stiel frei, gedrängt stehend, mit scharfer, oft gesägter oder etwas dunkler gefärbter Schneide.

Stiel ziemlich lang und schlank, hohl, weiß, ohne Ring, flockig bereift, am Fuß mit verbreiterter, von Hüllenresten gesäumter Knolle.

Fleisch weiß, nicht verfärbend, mild und geruchlos. Sporenpulver weiß.

Wert: Alle Scheidenstreiflinge sind zwar nicht sehr ergiebige, doch gute Speisepilze; das Sammeln lohnt sich nur bei häufigem Auftreten. Nach Möglichkeit einige kräftig schmeckende Röhrlinge dazumischen.

Ähnliche Arten: Knollenblätterpilze können im Jugendstadium sehr ähnlich aussehen. Beim Sammeln muß daher immer auf die kammartige Riefung des Hutrandes geachtet werden, bei jungen Hüten erst nach Entfernen der Hülle erkennbar. Daß der Ring fehlt, ist nicht immer ein sicheres Erkennungszeichen, da er gelegentlich auch bei anderen Wulstlingen vorzeitig abfällt.

Waldchampignon, Kleiner Blutegerling

Agaricus sylvaticus

Eßbar

Ein blaß brauner, im Schnitt rosa anlaufender Blätterpilz mit graurötlichen Lamellen und beringtem Stiel. Er wächst gesellig in Nadelwäldern.

Hut blaß zimtbraun, gleichmäßig mit fest angedrückten und eingewachsenen, faserigen Schuppen bedeckt, erst halbkugelig, später breit konvex mit flacher Mitte und lange nach unten gebogenem Rand, ganz alt auch flach, 5–10 cm breit.

Lamellen sehr gedrängt und dünn, am Stiel frei, erst blaß graurötlich, später satt schokoladenbraun, alt schwarz verfärbend, mit glatter Schneide.

Stiel blaß bräunlich, zylindrisch mit etwas keuligem Fuß, breitem, abstehendem und dauerhaftem Ring, der sich erst spät vom Hutrand löst und lange den Blick auf die Lamellen verdeckt.

Fleisch weißlich, im Anschnitt nach einiger Zeit leicht rötend, manchmal auch sofort tief blutrot anlaufend, bei alten Fruchtkörpern oft gleichmäßig braunrot, mild, nie mit Anisgeruch.

Sporenpulver schwarzpurpurn.

Wert: Ein ergiebiger Pilz, für alle Frischgerichte geeignet. Leider schätzen ihn auch Maden sehr. Zum Trocknen und Einfrieren weniger empfehlenswert.

Ähnliche Arten: Die verschiedenen Formen des Waldchampignons erkennt man an dem braunschuppigen Hut, den graubraunen Lamellen und dem rötenden Fleisch.

Unter den Schirmlingen gibt es Arten, die von oben einem Waldegerling täuschend ähnlich sehen. Man erkennt sie an den kegeligen Schuppen und den weißen Lamellen. Essen darf man sie nicht, denn manche sind giftig.

Der Violettliche Zwergegerling (Agaricus semotus), ein geringwertiger Speisepilz, hat Anisgeruch und gelb anlaufendes Fleisch.

Dünnfleischiger Anisegerling

Agaricus silvicola

Eßbar

Ein weißer »Champignon« des Laub- und Nadelwaldes mit starkem Anisgeruch und chromgelb fleckendem Hut.

Hut erst rein weiß, bei alten Exemplaren etwas bräunlich oder gelblich, bei Berührung sofort stark chromgelb verfärbend, jung fast kugelig, bald konvex, alt flach, meist feinschuppig und seidig glänzend, dünnfleischig, 6–10, mitunter bis zu 20 cm breit.

Lamellen jung grau, dann dunkel braungrau, zuletzt schwarz, schmal und sehr gedrängt stehend, am Stiel frei, mit hellerer Schneide.

Stiel rein weiß und glatt, gleichmäßig zylindrisch und meist tief im Boden steckend, am Fuß mit schräg gerandeter Knolle und sehr breitem, lange die Lamellen verdeckendem, unten grobflockigem Ring.

Fleisch rein weiß, etwas bräunend, mit starkem Anisgeruch.

Sporenpulver purpurfarben, fast schwarz.

Wert: Wie alle nach Anis duftenden Egerlinge ist dieser Pilz recht wohlschmeckend. Der starke Geruch vergeht beim Kochen. Besonders für kalte Pilzsalate geeignet. Die gilbenden Egerlinge enthalten relativ hohe Mengen giftiger Schwermetalle, vorwiegend Cadmium; deshalb nicht zu oft essen!

Ähnliche Arten: Verwechslungen mit ähnlichen, ebenfalls nach Anis duftenden Arten sind ungefährlich. Der Karbol-Egerling (Agaricus xanthoderma) ist ebenfalls weiß, bricht alt oft in grauen Schuppen auf und wächst meist außerhalb von Wäldern.

Der Pilz verfärbt sich nur in der Stielknolle gelb. Er verursacht heftiges Erbrechen.

Riesenschirmling, Parasol

Macrolepiota procera

Eßbar

Der größte heimische Blätterpilz mit hell graubraunem, schuppigem Hut und frei beweglichem Ring. Er steht meist gesellig an Waldrändern und grasbewachsenen Stellen.

Hut ganz jung kegelig und dunkel rotbraun, bald in Schuppen aufreißend und erst paukenschlegelförmig, dann konvex, in der Mitte glatt und etwas gebuckelt, bis 30 cm breit. Unter den abstehenden Hutschuppen ist das helle Hutfleisch sichtbar.

Lamellen weiß, im Alter mit braunen Flecken, breit und sehr gedrängt stehend, am Stiel frei, Schneide mitunter braun gefärbt.

Stiel graubraun genattert, gleichmäßig zylindrisch mit derbknolligem Fuß und kräftigem, frei beweglichem Ring, sehr zäh.

Fleisch im Hut weiß, weich, mild mit angenehmem Geruch, nicht verfärbend. Sporenpulver weiß.

Wert: Die großen, schirmartigen Hüte ergeben gebraten ein vorzügliches Gericht (Rezept s. S. 110). Alte, am Rand runzelige Hüte und die zähen Stiele läßt man stehen.

Ähnliche Arten: Der eßbare Safranschirmling (Macrolepiota rhacodes) ist kleiner, meist nicht gebuckelt und am Stiel nicht genattert. Er besitzt safranbraun anlaufendes Fleisch und wächst häufig in der Nadelstreu der Wälder. Die anderen, selteneren Riesenschirmlingsarten sind ebenfalls eßbar. Man erkennt sie an dem frei beweglichen Ring, den weißen, freien Lamellen und dem schuppig aufgerissenen Hut. Die zahlreichen kleineren, schirmlingsähnlichen Pilze haben entweder keinen oder einen häutigen Ring. Da es darunter auch sehr giftige Arten gibt, dürfen diese oft unangenehm, manchmal leuchtgasartig riechenden Pilze nicht verwendet werden.

Grünling, Edelritterling

Tricholoma flavovirens

Eßbar

Ein grüngrauer oder olivfarbiger Blätterpilz sandiger Kiefernwälder.

Hut graugrün mit braungelbem oder olivfarbenem Beiton, anfangs kugelig und oft im Sand vergraben, später unregelmäßig verbogen, konvex bis gewölbt. Im Alter auch flach, kahl und etwas glänzend, feucht schmierig, 6–10 cm breit.

Lamellen schön zitronengelb, ziemlich breit, dünn und gedrängt stehend, um den Stiel tief ausgebuchtet.

Stiel gleichmäßig zitronengelb, jung kurz und keulenförmig, bald zylindrisch, glatt oder etwas schuppig, ohne eine spinnwebartige Zone oben am Stiel.

Fleisch blaßgelb mit Mehlgeruch und -geschmack. Sporenpulver weiß.

Wert: Der Grünling zählt zu den wohlschmeckenden und ergiebigen Speisepilzen und eignet sich für alle Pilzgerichte. Vor der Zubereitung wird die sandige Huthaut abgezogen.

Ähnliche Arten: Der nur schwach giftige, stark nach Schwefel riechende Schwefelritterling (Tricholoma sulphureum) hat dicke und entfernt stehende Lamellen. In sandigen Wäldern wachsen mehrere oliv- oder rotbraune Ritterlingsarten, von denen einige giftig sind. Sie haben ausnahmslos weiße oder bräunliche Lamellen. Unter den Haarschleierlingen gibt es einige dem Grünling ähnliche Arten mit gelben Lamellen, die man an dem stark schleimigen, bei trockenem Wetter glänzenden Hut und der rostbraunen, ringartigen, aus spinnwebenartigen Fasern bestehenden Zone am Stiel erkennen kann. Sie sind harmlos.

Tiger-ritterling

Tricholoma pardinum

Giftig

Ein stattlicher, gesellig wachsender Blätterpilz des Laub- und Nadelwaldes mit grauen Schuppen und mit Wasserperlen an der Stielspitze.
Hut grausilbrig, dunkel rauchfarben oder braungrau, anfangs filzig, später vom Rand her in große, breite Schuppen aufbrechend, konvex mit eingerolltem Rand, alt flach, unregelmäßig verbogen, stets trocken, meist 7–12 cm breit.
Lamellen weiß, alt leicht grau, nie gelb oder rot verfärbend, um den Stiel tief ausgebuchtet, breit bauchig vorstehend.
Stiel weißgrau, glatt oder etwas faserig, ziemlich dick, erst keulig-bauchig, dann zylindrisch, an der Spitze mit einigen Wassertropfen.
Fleisch weiß, mild, mit starkem Mehlgeruch.
Sporenpulver weiß.
Giftigkeit: Der Tigerritterling wirkt zwar nicht tödlich, verursacht aber sehr heftige, tagelang anhaltende Verdauungsstörungen.
Ähnliche Arten: Der Gilbende Erdritterling (Tricholoma scalpturatum) ist kleiner, am Hut mit wolleartigen Fasern überzogen und verfärbt sich im Alter an den Lamellen gelb. Er wächst nur im Laubwald. Der Rötende Erdritterling (Tricholoma orirubens) bildet Hexenringe. Er ist dunkelgrau schuppig, die Lamellen laufen bei Berührung rot an. Der Mäusegraue Erdritterling (Tricholoma terreum) wächst scharenweise im Nadelwald und hat fein faserigen, dunkelgrauen Hut. Er verfärbt sich nicht.
Sammeln Sie graue Ritterlinge nur dann, wenn Sie sich Ihrer Sache ganz sicher sind; es gibt unter diesen Pilzen nämlich mehrere giftige Arten.

Violetter Rötelritterling

Lepista nuda

Eßbar

Dieser blaßviolette Blätterpilz wächst ab September in Hexenringen im Laub- und Nadelwald.

Hut erst satt violett, dann milchkaffeebraun verblassend, im Gebirge auch weißlich-blasse Formen, anfangs halbkugelig, dann gewölbt mit eingerolltem Rand, auch wellig verbogen oder leicht trichterförmig, oft mit schwachem und sehr breitem Buckel, kahl und glatt, bis 15 cm breit.

Lamellen fleisch- bis lilafarben, ziemlich schmal, dünn und sehr gedrängt stehend, am Stiel etwas ausgebuchtet, alt auch gerade angewachsen.

Stiel lila-violett, heller als der Hut gefärbt, kurz und dick, zylindrisch, jung etwas keulig, grob faserig oder flockig, aber ohne eine ringartige, aus spinnwebenartigen Haaren bestehende Ringzone.

Fleisch durchgehend violett, jung oft sehr dunkel, nach Ocker verblassend, mild, mit einem süßlichen, parfümartigen Geruch. Sporenpulver cremerosa.

Wert: Der Pilz ist sehr ergiebig; beim Kochen bleibt jedoch ein süßlicher Geruch zurück, den nicht jeder schätzt.

Ähnliche Arten: Ab Oktober wächst auf Wiesen der eßbare Lilastiel-Ritterling (Lepista personata), der bis auf den weißgrauen Hut dem Violetten Rötelritterling stark gleicht. Unter den Schleierlingen gibt es ähnlich gefärbte Arten, die aber im Alter braune Lamellen und eine ringartige, aus spinnwebenartigen Haaren bestehende Zone am Stiel besitzen. Sie sollten vorsichtshalber nicht gesammelt werden. Mehrere andere Rötelritterlingsarten gleichen – bis auf die Farbe – im Aussehen dem Violetten Rötelritterling. Sie sind zwar eßbar, aber leicht mit anderen Arten zu verwechseln. Dazu gehört auch der stark süßlich-aromatisch duftende Veilchen-Ritterling (Lepista irina), dessen hell cremefarbige Fruchtkörper große Hexenringe bilden.

Graukappe, Nebelgrauer Trichterling

Lepista nebularis

Eßbar

Ein großer, rauchgrauer, stets in Reihen oder Kreisen wachsender Pilz des Laub- und Nadelwaldes mit säuerlichem Geruch.
Hut rauchgrau mit etwas dunklerer, im Alter schimmelartig bereifter und sehr dickfleischiger Mitte, anfangs halbkugelig, später breit konvex, nie trichterig, Rand lange eingerollt, 10–15 cm breit.
Lamellen immer blaß cremefarben, schmal, dünn und sehr gedrängt stehend, am Stiel kurz herablaufend, mit dem Daumennagel leicht vom Hutfleisch ablösbar.
Stiel blaß weißgrau, kurz und dick, meist keulig, mit leichten Längsrillen, am Fuß mit watteartigem, weißem Filz.
Fleisch weiß, ziemlich fest, mit würzigem, säuerlichem Geruch.
Sporenpulver weiß.
Wert: Ein ergiebiger Pilz, der nur selten von Maden befallen wird. Er eignet sich für Frischgerichte, nicht aber zum Trocknen. Der kräftige Geschmack sagt auch nicht jedermann zu.
Beim Genuß allzu junger oder auch überständiger Pilze treten gelegentlich Verdauungsstörungen auf. Deshalb nur frische, aber voll ausgewachsene Fruchtkörper verwenden und anfangs nur geringe Mengen verzehren.
Ähnliche Arten: Der ebenfalls in Hexenringen wachsende Buxblättrige Trichterling (Clitocybe alexandri) unterscheidet sich durch dunkler cremefarbene, gerade angewachsene Lamellen und bräunliches Fleisch.
Wenig empfehlenswert ist der Graublättrige Trichterling (Clitocybe inornata) mit grauen, kaum herablaufenden Lamellen. Andere ähnliche grauhütige Blätterpilze haben um den Stiel ausgebuchtete Lamellen, wie beispielsweise der nach Mehl riechende Riesenrötling (s. S. 63).

Weißer Gifttrichterling

Clitocybe dealbata

Sehr giftig

Ein kleiner, weißer Blätterpilz mit Mehlgeruch, der in Scharen an grasigen Stellen wächst.

Hut erst rein weiß und firnisartig bereift, dann fleckenweise cremefarben, dazwischen mit bereiften Zonen, anfangs mit eingerolltem Rand, bald flach, später mit tellerartig vertiefter Mitte und wellig nach unten geknicktem Rand, sehr dünnfleischig, 2–5 cm breit.

Lamellen weiß, schmal, dünn und gedrängt stehend, am Stiel gerade angewachsen, nur alt etwas herablaufend.

Stiel weiß, lang und schlank, zylindrisch und oft etwas verbogen, gegen die Spitze wie mit Mehl bestäubt.

Fleisch weiß, mild, mit deutlichem Mehlgeruch.

Sporenpulver weiß.

Giftigkeit: Der Weiße Gifttrichterling enthält in großer Dosis das Pilzgift Muscarin und hat schon Todesfälle verursacht.

Ähnliche Arten: Weißhütige kleine Pilze gibt es sehr

viele. Vor allem die verwandten weißen Trichterlinge in Laub- und Nadelwald sollen auf keinen Fall gesammelt werden, ebenso der zwar eßbare, doch leicht zu verwechselnde Weiße Rasling (Lyophyllum connatum). Dieser Pilz wächst büschelig auf frisch geschüttetem Straßenschotter entlang der Forstwege. Er wird größer als der Weiße Gifttrichterling, hat leicht gelblichgraue Lamellen und mehlartigen, säuerlichen Geruch.

Der Mehlräsling (Clitopilus prunulus) mit grauen, weit am Stiel herablaufenden Lamellen, konvexem, dickfleischigem Hut und sehr starkem Mehlgeruch ist eßbar.

Von oben überaus ähnlich ist der meist an Waldwegen wachsende, äußerst giftige Seidenrißpilz (Inocybe geophylla) mit weißem oder ockerfarbenem, selten auch violettem, konvex-gebuckeltem und bis 3 cm breitem Hut. Er hat erdgraue Lamellen und riecht teigig.

Hallimasch

Armillariella mellea

Eßbar

Ein honigbrauner, schuppiger Blätterpilz mit beringtem Stiel, der in ganzen Büscheln an Baumstämmen wächst.
Hut honigbraun - oft mit bräunlich-olivfarbenen Beitönen - mit dunkleren, abwischbaren Schüppchen, jung kugelig, dann konvex mit eingerolltem Rand, alt flach, meist breit und stumpf gebuckelt, niemals schmierig, meist 3–8, selten bis über 15 cm breit.
Lamellen erst cremeweiß oder ocker, mitunter auch gelb, bald bräunend, oft fleckig, ziemlich breit und entfernt, am Stiel gerade angewachsen oder etwas herablaufend.
Stiel wie der Hut gefärbt, oft mit gelben Tönen, lang und schlank, sehr zäh, am Grund oft etwas keulig, längsgestreift, kahl oder flockig, mit weit oben angesetztem, weißem, lange die Lamellen verdeckendem Ring.
Fleisch weißlich-bräunlich, mit etwas aufdringlichem, stechendem Geruch, der beim Kochen vergeht und erst mildem, bald herbem Geschmack. Sporenpulver weiß.
Wert: Ein guter und wenn er in Massen auftritt, auch ergiebiger Pilz, von dem man nur die Hüte verwendet. In seltenen Fällen sind jedoch schon Verdauungsbeschwerden aufgetreten, deshalb beim ersten Mal nur geringe Mengen verzehren!
Ähnliche Arten: Unter den Pilzen, die in Büscheln an Baumstämmen wachsen, wird der eßbare Sparrige Schüppling (Pholiota squarrosa) manchmal für den Hallimasch gehalten. Er hat aber gelbbraune, später rostfarbene Lamellen und einen schuppigen, unberingten Stiel.

Blauer Lackpilz

Laccaria amethystina

Eßbar

Ein kleiner, scharenweise in Wäldern wachsender Pilz mit amethystblauen Farben.

Hut anfangs dunkel amethystblau, bei Trockenheit stark ausblassend und blaß bläulich bis weißgrau verfärbend, nach Wiederbefeuchtung lila bis braun, fein filzig, jung kugelig, später flach mit lange eingerolltem Rand und oft etwas niedergedrückter Mitte, beim Eintrocknen am Rand manchmal etwas gerieft, dünnfleischig, 3–5 cm breit.

Lamellen stets violettblau, sehr dick und weit entfernt, breit, am Stiel gerade angewachsen.

Stiel wie der Hut gefärbt, sehr lang, schlank, grobfaserig, am Fuß mit weißem Filz.

Fleisch violett, weich, mild und fast geruchlos.

Sporenpulver blaß rosa.

Wert: Wegen des schwachen Eigengeschmacks allein als Mischpilz zu empfehlen. Das Sammeln lohnt sich nur bei Massenauftreten. Ausschließlich junge kräftig gefärbte Pilze verwenden.

Ähnliche Arten: Der giftige Rettichhelmling (s. S. 60) fällt durch den stets gerieften Hutrand, Rettichgeruch und gewöhnlich weiße, enger stehende Lamellen auf. Andere violette, meist größere Pilze haben nie dicke und entfernte Lamellen.

Der Rote Lackpilz (Laccaria laccata) unterscheidet sich durch rotbraune (bei Regen) bzw. cremeblaße (bei trockenem Wetter) Farben. Er ist wie ähnlich gefärbte Lackpilze eßbar.

Rettich-helmling

Mycena pura

Giftig

Ein kleiner, violetter Pilz mit starkem Rettichgeruch. Er wächst im Laub- und Nadelwald, einzeln oder in Gruppen, manchmal auch in Büscheln.

Hut dunkel blauviolett bis rosa, mitunter auch hellgrau, lila oder weißgrau, bei Trockenheit etwas verblassend, anfangs glockig, später konvex bis fast flach, in der Mitte oft mit breitem, stumpfem Buckel, am Rand von den Lamellen durchscheinend gerieft, sehr dünnfleischig, meist 3–4 cm breit.

Lamellen weiß oder sehr blaß rosa, ziemlich gedrängt stehend, am Stiel ausgebuchtet mit scharfer und glatter Schneide.

Stiel wie der Hut gefärbt, ziemlich lang, hohl, kahl und glatt, am Fuß grob filzig.

Fleisch weiß, wässerig, im Stiel etwas faserig, mit starkem Rettichgeruch und -geschmack.

Sporenpulver weiß.

Giftigkeit: Der Pilz wird noch vielfach als eßbar bezeichnet, enthält aber nach neueren Untersuchungen das gefährliche Pilzgift Muscarin.

Ähnliche Arten: Der ungenießbare Dunkelschneidige Rettichhelmling (Mycena pelianthina) wächst auf Buchenlaub und unterscheidet sich durch den schmutziggrauen, violetten, ungerieften Hut und die purpurne bis schwarze Lamellenschneide.

Der Blaue Lackpilz (S. 59) riecht nicht nach Rettich, wie auch andere, ähnlich gefärbte Pilze, die größer sind und meist gefärbte Lamellen haben.

△

Samtfuß-Rübling

Flammulina velutipes

Eßbar

Dieser büschelig an Laubbäumen wachsende honigbraune Blätterpilz fällt durch seine ungewöhnliche Erscheinungszeit auf: Man findet ihn an milden Wintertagen.

Hut satt honiggelb, alt dunkel rotbraun, anfangs halbkugelig, dann konvex bis flach, kahl und glatt, glänzend, feucht schmierig und am Rand durchscheinend gerieft, meist 2–5 cm breit.

Lamellen weißlich oder leicht cremefarben, schmal, dünn und gedrängt stehend, um den Stiel ausgebuchtet, mit glatter Schneide.

Stiel von der Spitze gegen den Fuß zunehmend dunkelbraun samtig, zylindrisch, ziemlich lang und schlank.

Fleisch weißlich, mild und fast geruchlos.

Sporenpulver cremefarben.

Wert: In der pilzarmen Jahreszeit liefert der Samtfuß-Rübling leckere Suppen. Für größere Gerichte reichen die kleinen Hüte meist nicht aus. Die zähen Stiele läßt man schon beim Sammeln stehen.

Ähnliche Arten: Wenn man auf das Wachstum im Winter achtet, sind Verwechslungen kaum möglich.

Austern-seitling

Pleurotus ostreatus

Eßbar

Man findet diesen Pilz vorwiegend im Spätherbst an absterbenden Laubbäumen oder Stümpfen in Parkanlagen und Alleen.
Hut dunkel blaugrau, stahlblau oder rußig braungrau, einseitig muschelförmig, am Rand oft wellig verbogen und lange eingerollt, kahl und glatt, bis 15 cm breit.
Lamellen weiß, ziemlich breit, dicklich und mäßig gedrängt, am Stiel weit herablaufend.
Stiel ziemlich kurz und dick, deshalb oft schlecht zu erkennen, einseitig, glatt und am Fuß mit derben, weißen Haaren.
Fleisch weiß, weich, mit angenehmem Geruch und mildem Geschmack.
Sporenpulver weiß.
Speisewert: Der Austernseitling ist ein guter Speisepilz; ein einziger Baumstumpf kann reiche Ernten liefern. Er wird vor allem in Osteuropa in großen Mengen auf Pappelholz gezogen und neuerdings auch bei uns unter dem Namen »Kalbfleischpilz« zur Selbstzucht angeboten.
Ähnliche Arten: Verwechslungen sind kaum vorstellbar, wenn man auf das einseitige, muschelförmige Wachstum und den Standort an Baumstümpfen oder -stämmen achtet.

△

Riesen-Rötling

Rhodophyllus sinuatus

Giftig

Ein stattlicher, in Reihen und Kreisen im Buchenwald wachsender Blätterpilz mit Mehlgeruch.

Hut grau bis lederfarben, seidig glänzend, erst konvex, dann gewölbt bis fast flach, leicht radial gestreift, kahl, ziemlich dickfleischig, meist 8–15 cm breit.

Lamellen anfangs blaß cremefarben, später mit lachsrosa Reflex, gedrängt stehend, um den Stiel ausgebuchtet, im Alter gerade angewachsen.

Stiel grauweiß, ziemlich lang, zylindrisch.

Fleisch weiß, mit deutlichem Mehlgeruch, mild. Sporenpulver fleischrot.

Giftigkeit: Der Riesen-Rötling hat zwar noch keine Todesfälle verursacht, ist aber trotzdem ein Giftpilz, der lang anhaltende Verdauungsstörungen auslöst.

Ähnliche Arten: Die zahlreichen Rötlinge sind meist viel kleiner und kaum mit Speisepilzen zu verwechseln. Es gibt aber unter Buchen einige kräftige, blaßgrau gefärbte Arten mit rosa Lamellen, die entweder mehligen oder stechenden, nitrösen Geruch besitzen. Alle diese Rötlinge sind ungenießbar. Die Graukappe (S. 56) wächst ebenfalls in Hexenringen und kann zusammen mit dem Riesen-Rötling vorkommen. Sie riecht niemals nach Mehl, ihre Lamellen laufen etwas herab, der Stielfuß ist keulig geformt. Der Breitblättrige Holzritterling (Oudemansiella platyphylla) sieht dem Riesen-Rötling ähnlich, unterscheidet sich aber durch rein weiße, dicke und sehr breite Lamellen. Er ist als Speisepilz nicht zu empfehlen.

Rauch-blättriger Schwefelkopf

Hypholoma capnoides

Eßbar

Der gelbbraune Blätterpilz mit grauen Lamellen und ringlosem Stiel wächst fast das ganze Jahr über in Büscheln an Nadelbaumstümpfen.

Hut schön gelbbraun, am Scheitel auch orangegelb, mitunter ziemlich blaß ockergelb, jung kugelig, dann konvex mit lange eingerolltem Rand, feucht etwas klebrig, meist 2–6 cm breit.

Lamellen anfangs fast weiß, dann grauweiß, alt rauchgrau, niemals gelb oder grünlich, schmal und dünn, mit glatter Schneide.

Stiel hell gelblich grau, gegen den Grund faserig und mehr rostbraun, meist lang und schlank, verbogen, ringlos, jung mit spinnwebartigem, zum Hutrand gespanntem Schleier.

Fleisch gelblich, im Stiel rostbraun, mit angenehmem Geruch und mildem Geschmack.

Sporenpulver erdbraun.

Wert: Die jungen Pilzhüte liefern ein ausgezeichnetes Gericht. Besonders in der kalten Jahreszeit können einzelne Baumstümpfe reiche Ernten bringen. Die zähen Stiele läßt man stehen.

Ähnliche Arten: Unter den ockergelb bis orange gefärbten und in Büscheln wachsenden Pilzen ist der ungenießbare Grünblättrige Schwefelkopf (Hypholoma fasciculare) vom Rauchblättrigen Schwefelkopf kaum zu unterscheiden – allerdings nur von oben gesehen. Der Pilz wächst an Laubbäumen und hat deutlich grüne, im Alter grüngraue Lamellen. Das Fleisch schmeckt sehr bitter.

Der sehr bittere Ziegelrote Schwefelkopf (Hypholoma sublateritium) mit olivgrau gefärbten Lamellen ist größer und am Scheitel ziegelrot.

Stockschwämmchen

Kuehneromyces mutabilis

Eßbar

Ein beringter Blätterpilz mit honigbrauner, ausblassender Hutfarbe, der schon ab Mai in Büscheln an Laubbäumen wächst.
Hut bei Regen fuchsigbraun, am Rand von den Lamellen durchscheinend gerieft und etwas glänzend, beim Eintrocknen von der Mitte her honiggelb ausblassend, breit konvex mit lange eingerolltem Rand, alt breit und stumpf gebukkelt, nicht schuppig oder flockig, im allgemeinen 2–5 cm breit.
Lamellen erst fast weiß, dann blaß rostfarben, schmal, dünn und sehr gedrängt stehend und am Stiel herablaufend.
Stiel ziemlich lang, an der Spitze blaß zimtfarben mit breitem, häutigem, im Alter schwindendem Ring, darunter mit rost- bis dunkelbraunen, umgerollten Schüppchen bedeckt.
Fleisch bräunlich, mild mit schwachem Geruch.
Sporenpulver rostbraun.
Wert: Die Hüte eignen sich besonders für Suppen und Saucen. Das Sammeln lohnt sich aber nur bei Massenauftreten. Die zähen Stiele werden nicht verwendet.
Ähnliche Arten: Der auf der nächsten Seite abgebildete Gesäumte Häubling ist ein sehr gefährlicher, giftiger Doppelgänger. Beim Sammeln ist deshalb größte Vorsicht geboten.
Oberflächliche Sammler halten den größeren und am Hut schuppigen Hallimasch (S. 58) für ein Stockschwämmchen. Verwechslungen mit diesem eßbaren Pilz sind jedoch harmlos. Schwefelköpfe (S. 64) und mehrere andere braune Pilze, die in Büscheln an Baumstämmen wachsen, werden nur von leichtsinnigen Sammlern, die die Merkmale des Stockschwämmchens nicht kennen, gelegentlich verwechselt.

Gesäumter Häubling

Galerina marginata

Giftig

Ein kleiner, meist büschelig an Nadelbäumen wachsender honigbrauner Blätterpilz vom Aussehen eines kleinen Stockschwämmchens.

Hut bei feuchtem Wetter honigbraun und am Rand etwas gerieft, sonst von der Mitte her ockergelb ausblassend, anfangs kugelig, später konvex, alt auch fast flach, in Färbung, Form und Größe einem kleinen Stockschwämmchen überaus ähnlich, 2–4 cm breit.

Lamellen anfangs blaß ockerfarben, später hell zimtbraun, schmal, dünn und sehr gedrängt stehend, mit glatter Schneide, am Stiel gerade angewachsen, alt herablaufend.

Stiel ockerfarben, abwärts dunkler braun, schlank und zart, hohl, mit gelbem, schmalem, bei älteren Fruchtkörpern oft fehlendem Ring, darunter etwas wollig-faserig oder fast kahl, aber nicht schuppig.

Fleisch bräunlich, mild, mit starkem Mehlgeruch. Sporenpulver rostbraun.

Giftigkeit: Der Gesäumte Häubling enthält das gefährliche Pilzgift Amanitin, das bereits in geringen Mengen stark leberschädigend wirkt.

Ähnliche Arten: Es besteht Verwechslungsgefahr mit zahlreichen honigbraun gefärbten Häublingen und Glöckchenschüpplingen, vor allem aber mit dem auf der vorangehenden Seite abgebildeten eßbaren Stockschwämmchen. Die entscheidenden Kennzeichen des Gesäumten Häublings sind der Standort an Nadelbäumen und der deutliche Mehlgeruch. Dieser Pilz wurde erst vor wenigen Jahren durch chemische Untersuchungen als Giftpilz erkannt. In älteren Pilzbüchern wird er aber mitunter noch als eßbar bezeichnet. Da unsere Kenntnisse über Pilzgifte immer noch lückenhaft sind, dürfen nur allgemein als eßbar bekannte Pilze für Speisezwecke gesammelt werden.

Schopftintling

Coprinus comatus

Eßbar

Ein unverkennbarer Blätterpilz, den man an gedüngten Stellen, auf Wiesen oder an Straßenrändern, meist außerhalb von Wäldern trifft, mit einem schlanken, schuppigen, im Alter zerfließenden Hut.

Hut jung weiß mit ockergelbem Scheitel, bald in groben Schuppen aufbrechend, anfangs sehr schlank, paukenschlegelförmig, später am Rand nach oben gebogen und gleichzeitig mit den Lamellen schwarz verfärbend und zerfließend, 8–20 cm hoch, in geschlossenem Zustand bis 4 cm breit.

Lamellen rein weiß, bald vom Hutrand her purpurgrau und rasch schwarz verfärbend und zerfließend, ziemlich breit, sehr gedrängt stehend, am Stiel nicht angewachsen.

Stiel weiß, beringt, ganz glatt und am Grund mit abgesetzter Knolle, mit watteartig ausgestopftem Hohlraum.

Fleisch weiß, mild, mit angenehmem Geruch.

Wert: Junge Schopftintlinge mit noch weißen Lamellen gehören zu den besten Speisepilzen überhaupt. Sie müssen nach dem Sammeln sofort verwendet werden, da sie rasch zerfließen und dann nicht mehr genießbar sind. Trocknen kann man sie nicht, doch läßt sich der Pilz nach dem Blanchieren gut einfrieren.

Ähnliche Arten: Der seltene Spechttintling (Coprinus picaceus) besitzt dieselbe Form, jedoch einen dunkelbraunen Hut mit weißen Schuppen. Die übrigen Tintlinge haben völlig andere Gestalt und sind deshalb nicht zu verwechseln.

Bekannt ist der eßbare und wohlschmeckende Faltentintling (Coprinus atramentarius) mit grauem, kegeligem, nicht schuppigem, radial gestreiftem Hut. Man findet ihn nicht selten an Wegrändern und sogar in Gräben. Er verursacht aber – im Gegensatz zum Schopftintling – zusammen mit Alkohol vorübergehend starke Vergiftungserscheinungen.

Nach seinem Genuß darf man mindestens 24 Stunden keinerlei Alkohol trinken.

Reifpilz, Zigeuner

Rozites caperata

Eßbar

Ein mittelgroßer, strohfarbener, jung violett bereifter Blätterpilz, den man scharenweise in heidelbeerreichen Nadelwäldern trifft.

Hut jung von einem blaß violettem Reif überzogen, darunter strohfarben bis honigbraun, erst kugelig, später breit kegelförmig, alt flach oder umgeschlagen und nur noch mit wenigen, bei Regen völlig fehlenden Reifresten, breit und undeutlich gebuckelt, meist 6–12 cm breit.

Lamellen anfangs blaß, später milchkaffeebraun, ziemlich breit, gedrängt und am Stiel deutlich ausgebuchtet, mit etwas wellig verbogener und gekerbter Schneide.

Stiel bräunlich und etwas gestreift, lang zylindrisch, über der Mitte mit schmalem, häutigem, jung am Hutrand vorstehendem Ring; bei alten Pilzen fehlt der Ring oft.

Fleisch blaß bräunlich marmoriert, weich, geruchlos, mild.

Sporenpulver rostbraun.

Wert: Ein wohlschmekkender Pilz, der sich für alle Gerichte sehr gut eignet.

Ähnliche Arten: Ganz junge Fruchtkörper können mit jungen Lila-Dickfüßen (Cortinarius traganus) verwechselt werden, die jedoch nie einen Ring haben. Diese Pilze mit weißbläulichem, später grau bis ockerfarbenem, glatten Hut sind wegen des stechenden Geruchs ungenießbar. Achtet man auf den Ring, der bei den Reifpilzen anfangs unter der Hutkante steckt, so sind Verwechslungen damit kaum möglich, ebenso wenig wie mit anderen Schleierlingsarten, die dem Reifpilz gleichen: auch bei diesen – ungenießbaren – Pilzen fehlt der Ring und sie besitzen am Stiel meist eine faserige, im Alter rostbraun gefärbte, ringartige Zone.

Ziegelgelber Schleimkopf

Cortinarius varius

Eßbar

Ein mittelgroßer Schleierling des Nadelwaldes mit einem fuchsig-orangebraunen, schmierigen Hut, violetten Lamellen und weißem, keuligem Stiel.
Hut ziegelgelb, orange bis fuchsigbraun, anfangs konvex, alt auch flach, bei Feuchtigkeit stark schleimig, sonst glänzend, meist 5–8 cm breit.
Lamellen jung satt blauviolett, manchmal aber auch nur blaß lila, später blaß zimtbraun, wobei die Lila-Töne fast schwinden; um den Stiel etwas ausgebuchtet, mit glatter Schneide.
Stiel weiß, manchmal von weißen Hüllresten überzogen, mit faseriger, von den Sporen rostbraun gefärbter Ringzone, zylindrisch mit derb keuligem, aber niemals knolligem Fuß.
Fleisch weiß, mitunter etwas bräunend, geruchlos und mild.
Sporenpulver rostbraun.
Wert: Ein ausgezeichneter Speisepilz. Vor der Zubereitung entfernt man die schleimige Hutschicht völlig. Zum Trocknen weniger geeignet.
Ähnliche Arten: Unter den Schleierlingen gibt es mehrere Arten, die einen ähnlich gefärbten, schmierigen Hut und blauviolette Lamellen besitzen. Diese zwar eßbaren, meist aber geringwertigen Pilze haben einen knolligen Stielfuß.
Schleierlinge sind überaus schwierig voneinander zu unterscheiden. Man erkennt sie an einem spinnwebartigen Schleier, der sich jung vom Hutrand zum Stiel spannt und alt oft in Form einer faserigen, von den Sporen rostbraun gefärbten Ringzone am Stiel zurückbleibt.

Schleiereule

Cortinarius praestans

Eßbar

Ein sehr großer, violettbrauner Blätterpilz mit rostbraunen Lamellen. Er wächst im Laubwald.

Hut mit violettem, ins Braune spielendem Grundton, im Alter nach rotbraun entfärbend, jung von einer bläulich-weißen Hülle überzogen und fast kugelig dem dicken Stiel aufsitzend (»Eulenauge«), später konvex mit lange eingerolltem Rand, alt flach, bei feuchtem Wetter oft stark schleimig, bis 20 cm breit.

Lamellen jung grauweiß, später blaß rostbraun, schmal und gedrängt stehend, um den Stiel ausgebuchtet mit fein gekerbter Schneide.

Stiel weiß, von bläulichweißen Hüllresten überzogen, sehr fest und am Fuß derb knollig, in der oberen Hälfte mit faseriger, von den Sporen rostbraun gefärbter Ringzone.

Fleisch blaß blaugrau, fest, geruchlos und mild.

Sporenpulver rostbraun.

Wert: Ein vor allem in Frankreich hochgeschätzter Speisepilz, dessen etwas eigenwilliger Geschmack aber nicht jedermann zusagt. Der Pilz ist gebietsweise selten; wo er jedoch vorkommt, tritt er scharenweise auf und liefert dann reiche Ernten. Zum Trocknen eignet er sich nicht.

Ähnliche Arten: Es gibt mehrere ähnlich gefärbte, nur schwer unterscheidbare Arten. Verwechslungen sind unschädlich. Lediglich der stets blaß lila, im Alter weißlich-ocker gefärbte Lila-Dickfuß (Cortinarius traganus), der in Nadelwäldern wächst, ist ungenießbar. Er hat auch jung schon rostbraun gefärbte Lamellen, stets trokkenen, seidig glänzenden Hut und einen bläulichweiß überzogenen Stiel. Der Genuß des unangenehm nach Azetylen riechenden Pilzes verursacht Verdauungsstörungen.

Prächtiger Hautkopf

Cortinarius speciosissimus

Sehr giftig

Ein schön orangebrauner, auffallend gebuckelter Schleierling feuchter Nadelwälder und Moore, den man vorwiegend in Gebirgsgegenden findet.
Hut jung orangebraun, später dunkel fuchsig, etwas filzig, niemals schmierig, anfangs kegelig-glockig, später breit gewölbt, oft mit spitzem Buckel, 3–6 cm breit.
Lamellen satt rostbraun, dick und entfernt stehend, nach unten breit bauchig vorstehend mit gekerbter Schneide.
Stiel wie der Hut orange-rostbraun gefärbt, mit mehreren gelben, unvollständigen Gürtelzonen und einer faserigen, sehr undeutlichen Ringzone, lang und schlank.
Fleisch gelblich bis ocker, mild und geruchlos.
Sporenpulver rostbraun.
Giftigkeit: Der Prächtige Hautkopf enthält mehrere als Orellanine bekannte Gifte, die stark nierenschädigend und in größeren Mengen sogar tödlich wirken. Es kann mehrere Tage dauern, bis nach dem Genuß die ersten Beschwerden auftreten. Dieser bisher nur wenig bekannte Pilz wird zusammen mit seinen nächsten Verwandten zu den gefährlichsten Giftpilzen nach den Knollenblätterpilzen gerechnet.
Ähnliche Arten: Die überaus giftige Pilzgruppe wurde vor 20 Jahren erstmals bekannt und zwar durch Massenvergiftungen in Polen, die der Orangefuchsige Hautkopf (Cortinarius orellanus) verursacht hatte. Er wächst in Laubwäldern, hat konvexen, nicht gebuckelten, rostbraunen Hut, einen wesentlich helleren, messinggelben Stiel und wirkt schon in geringen Mengen tödlich.

Kegelhütiger Rißpilz

Inocybe fastigiata

Sehr giftig

Ein stets spitzgebuckelter strohfarbener Blätterpilz mit eingerissenem Hutrand und bereiftem Stiel, den man häufig an Waldstraßenrändern findet.

Hut strohfarben, mitunter auch zitronengelb oder gelbbraun getönt, anfangs spitz kegelig-glockig, später mit waagerecht abstehendem und einreißendem Rand, mit von der Hutmitte zum Rand verlaufenden Streifen, 3–8 cm breit.

Lamellen erst weißgrau, dann bis olivgrau, manchmal auch gelb, dünn und ziemlich gedrängt, alt bauchig vorstehend, am Stiel tief ausgebuchtet, mit weißer, flockiger Schneide.

Stiel blaß strohfarben, zylindrisch und sehr lang, am Fuß nicht knollig, ohne faserige Ringzone, gleichmäßig fein weiß bereift.

Fleisch weißlich, mit teigigem Geruch.

Sporenpulver erdbraun.

Giftigkeit: Dieser Rißpilz gehört infolge seines hohen Muscaringehaltes zu den gefährlichen Giftpilzen und kann in größerer Menge tödlich wirken.

Ähnliche Arten: Der ähnlich gefärbte, bei Druck rötlich anlaufende Ziegelrote Rißpilz (Inocybe patouillardii) hat einen kürzeren Stiel. Er wächst ab Mai in Laubwäldern und Parks und ist ebenfalls sehr giftig.

Die übrigen 130 Rißpilzarten sind schwer unterscheidbar. Sie besitzen meist stroh-, ocker- oder dunkler braunen, oft faserigen oder fein schuppigen, vom Rand her einreißenden Hut, erdgraue Lamellen mit häufig flockiger Schneide und teigig-spermatischen Geruch. Kostversuche mit Rißpilzen können lebensgefährlich sein.

Frauentäubling

Russula cyanoxantha

Eßbar

Ein Täubling mit violetten oder grünlichen Farben und weißen, weichen Lamellen, den man häufig in Laub- oder Mischwäldern findet.

Hut sehr unterschiedlich gefärbt, meist violett- oder graublau, mitunter auch blaugrün oder grün, in der Mitte oft mit ockerfarbenen Flecken, anfangs halbkugelig mit flacher Mitte, bald breit gewölbt oder trichterförmig niedergedrückt, Rand erst im Alter nach oben geschlagen, mit radial verlaufenden, feinen Adern, bei Regen schmierig, sonst glänzend und glatt, nie gerieft, meist 6–15 cm breit.

Lamellen makellos weiß, schmal, dünn gedrängt stehend mit sehr scharfer, glatter, biegsamer Schneide, die beim Darüberstreichen verklebt.

Stiel weiß oder ganz jung am Fuß leicht wie der Hut gefärbt, zylindrisch oder etwas bauchig.

Fleisch weiß, geruchlos und völlig mild, niemals faserig, zerbrechlich.

Sporenpulver weiß.

Wert: Ein sehr wohlschmeckender Täubling.

Ähnliche Arten: Es gibt mehrere, violett bis grün gefärbte Täublingsarten mit meist creme bis dottergelb gefärbten, brüchigen Lamellen. In Zweifelsfällen können scharf schmeckende und ungenießbare Täublinge durch eine kleine Kostprobe des rohen Fleisches von den eßbaren, milden Arten unterschieden werden. Man sollte sich aber vorher davon überzeugen, daß es sich um einen Täubling handelt, kenntlich an dem mürben, niemals faserigen Fleisch.

△

Speisetäubling

Russula vesca

Eßbar

Ein mittelgroßer, fleischfarbener, trichterförmig niedergedrückter Täubling des Laub- und Nadelwaldes mit weißen Lamellen und Stiel.

Hut hell bis dunkel fleischlila, rosaviolett oder ockerfarben, in der Mitte aufhellend und oft mit ockerbraunen Flecken, nie mit blauen oder grünen Farben, jung etwas genabelt mit eingerolltem Rand, später niedergedrückt, matt und auch bei Regen kaum schmierig, 6–10 cm breit.

Lamellen weiß, dünn und gedrängt stehend, mit glatter, manchmal wie rostfleckiger Schneide, beim Darüberstreichen leicht splitternd, am Hutrand etwa 2 mm breit überstehend.

Stiel rein weiß, ziemlich kurz und nicht faserig, am Fuß mitunter mit einigen rostbraunen Flecken.

Fleisch weiß, alt rostbraun fleckig, nicht faserig, geruchlos und völlig mild.

Sporenpulver weiß.

Wert: Der Speisetäubling gehört zu den sehr wohlschmeckenden Arten. Er wird aber von Maden angegangen. Zum Trocknen nicht zu empfehlen.

Ähnliche Arten: Wenn man auf die Fleischfarbe und die am Hutrand überstehenden Lamellen achtet, sind Verwechslungen kaum möglich.

Ledertäubling

Russula integra

Eßbar

Ein brauner oder violettbrauner Täubling mit dottergelben Lamellen und weißem Stiel, der im Nadelwald häufig vorkommt.

Hut erst dunkelbraun-purpurn bis blutrot, am Rand auch stärker violett, in der Mitte ocker ausblassend, meist deutlich zweifarbig, bei Feuchtigkeit schmierig, jung fast kugelig mit eingerolltem Rand, bald in der Mitte trichterförmig vertieft, zuletzt mit nach oben gebogenem Rand, 5–10 cm breit.

Lamellen jung blaß cremefarben, später satt ockergelb, niemals weiß, ziemlich breit und im Alter bauchig vorstehend, beim Darüberstreichen splitternd.

Stiel weiß, nie mit roten Farben, zylindrisch mit verjüngtem Fuß, alt runzelig.

Fleisch weiß, außerordentlich spröde, mit schwachem Obstgeruch, mild. Sporenpulver ockergelb.

Wert: Der Ledertäubling bleibt beim Kochen zwar etwas hart, eignet sich aber gut für Frischgerichte.

Ähnliche Arten: Der Scharfe Brauntäubling (Russula adulterina) kann nur durch den brennend scharfen Geschmack vom Ledertäubling unterschieden werden.

Der Zedernholztäubling (Russula badia) mit dunkler purpurvioletten Farben schmeckt ebenfalls sehr scharf und riecht deutlich nach Bleistiftholz.

Eßbar ist der sehr große, am Stiel häufig blaß rosafarbene Rotstielige Ledertäubling (Russula olivacea). Er hat matten, oft etwas olivbraun getönten und am Rand welligen, fleckigen Hut und ist sehr festfleischig.

Von den zahlreichen, dem Ledertäubling recht ähnlichen Arten können die scharfen und ungenießbaren meist nur durch eine Geschmacksprobe des rohen Fleisches unterschieden werden.

Herings-täubling

Russula xerampelina

Eßbar

Ein in Form und Farbe überaus veränderlicher Täubling des Laub- und Nadelwaldes, den man nur an dem im Alter sehr starken Heringsgeruch sicher erkennt.

Hut in Nadelwäldern matt und schön karminrot bis purpurn, in Laubwäldern dagegen heller blaßrosa, orange oder sogar olivgrün, auch mischfarbig, anfangs halbkugelig, dann konvex, flach oder trichterförmig, sehr fest, bei Feuchtigkeit schmierig, 5–12 cm breit.

Lamellen erst fast weiß, dann gelb bis ockerfarben bei Druck bräunend, ziemlich breit bauchig mit manchmal purpurn gefärbter Schneide.

Stiel der Pilze in Nadelwäldern karminrot und nur wenig heller als der Hut, in Laubwäldern meist rein weiß, bei Druck bräunend, zylindrisch oder bauchig-keulig.

Fleisch weiß, bräunlich anlaufend, spröde, niemals faserig, bei jungen Fruchtkörpern geruchlos, später mit sehr deutlichem Geruch nach Hering, Geschmack mild.

Sporenpulver cremefarben.

Wert: Junge Heringstäublinge sind eßbar. Beim Einsetzen des intensiven Heringsgeruchs sollten sie aber nicht mehr verwendet werden.

Ähnliche Arten: Es gibt viele Täublinge, die dem überaus veränderlichen Heringstäubling gleichen. Nur der Geruch ist ein sicheres Kennzeichen. Sehr ähnlich ist der wegen seiner Schärfe ungenießbare, auf Hut und Stiel prächtig karminrot gefärbte Pfirsichtäubling (Russula persicina). Weitere, auf Hut und Stiel eher schmutzig violett gefärbte und ungenießbare, scharfe Arten: der in Kiefernwäldern wachsende Zitronentäubling (Russula sardonia) mit gelben Lamellen und der weißblättrige Stachelbeertäubling (Russula queletii), der auch nach Stachelbeerkompott riecht.

Ockertäubling

Russula ochroleuca

Genießbar

Ein mittelgroßer, ockergelber Täubling, der häufig scharenweise im Nadelwald wächst.

Hut grünlich-gelb bis honiggelb, auch mit schmutzig braungelben Farben, anfangs kugelig mit eingerolltem Rand, bald konvex bis gewölbt, alt auch trichterförmig und dann manchmal am Rand etwas kammartig gerieft, 4–10 cm breit.

Lamellen weiß, beim Darüberstreichen leicht brechend, ziemlich breit, etwas entfernt stehend, am Stiel ausgebuchtet, alt gerade angewachsen.

Stiel jung manchmal leicht wie der Hut gefärbt, sonst rein weiß, zylindrisch oder keulig.

Fleisch weiß, mürbe, Geruch leicht obstartig, Geschmack mitunter scharf, sogar brennend, aber auch ganz mild.

Sporenpulver weiß.

Wert: Der Ockertäubling wird gelegentlich als Mischpilz verwendet, schmeckt aber nicht besonders gut. Die Schärfe vergeht beim Kochen.

Ähnliche Arten: Von den zahlreichen gelben Täublingen sind vor allem die Arten mit stark geripptem Hutrand ungenießbar, wie der große, jung schmierige, unangenehm ölig-brenzlig riechende Stinktäubling (Russula foetens). Der brennend scharfe, nach saurem Obst riechende, ungeriefte Gallentäubling (Russula fellea) ist auf Stiel und Lamellen blaß creme getönt und ungenießbar.
Der Gelbe Graustieltäubling (Russula flava) mit zitronengelbem Hut, weißer Lamellen- und Stielfarbe und grau anlaufendem Fleisch wächst in feuchten Nadel- und Birkenwäldern. Er ist mild und eßbar.

Speitäubling

Russula emetica var.sylvestris

Giftig

Ein kleiner kirschroter Täubling des Laub- und Nadelwaldes mit weißen Lamellen und brennend scharfem Fleisch.

Hut dunkel blut- bis kirschrot, oft fleckenweise oder auch ganz ausblassend und nur noch leicht rosa, meist glänzend und feucht, etwas klebrig, am Rand manchmal kammartig gerieft, halbkugelig, später konvex oder flach mit vertiefter Mitte, 3–6 cm breit.

Lamellen rein weiß, gedrängt mit glatter Schneide.

Stiel weiß, meist schlank und sehr leicht brechend, am Fuß etwas verjüngt.

Fleisch weiß, leicht brechend, niemals faserig, auf der Zunge brennend scharf, mit obstartigem, an saure Äpfel erinnerndem Geruch.

Sporenpulver weiß.

Giftigkeit: Der Speitäubling gilt wegen seiner brennenden Schärfe, die Magenverstimmungen auslöst, als ungenießbar oder schwach giftig. Nach neueren Untersuchungen enthält er auch in geringen Mengen Muscarin.

Ähnliche Arten: Vom Speitäubling gibt es mehrere, schwer unterscheidbare Arten. Im Wuchs ähnlich, jedoch violett oder olivfarben ist der Zerbrechliche Täubling (Russula fragilis). Er riecht ebenfalls obstartig und ist wegen seiner Schärfe ungenießbar. Es gibt noch eine Reihe sehr scharfer, nach saurem Obst riechender, ungenießbarer Täublinge.

Wollschwamm

Lactarius vellereus

Ungenießbar

Ein vorwiegend in Laubwäldern wachsender, großer, weißer Milchling.

Hut weiß, alt etwas grau oder bräunlich verfärbend, gleichmäßig wollig oder filzig, im Alter kahl, von Anfang an trichterförmig mit lange eingerolltem Rand, dickfleischig, meist 10–20 cm breit.

Lamellen weiß, alt hell ockergelb fleckig, schmal, dick und ziemlich entfernt, am Stiel etwas herablaufend, jung aber gerade angewachsen.

Stiel weiß, alt etwas ockerfarben geflockt, sehr kurz und dick, zylindrisch, gegen den Fuß verjüngt.

Fleisch weißlich, bei Verletzung einen weißen Milchsaft ausscheidend, brennend scharf, Milch selbst aber mild.

Sporenpulver weiß.

Wert: Der Wollschwamm ist wegen seiner brennenden Schärfe ungenießbar. Schon bei Kostversuchen treten Verdauungsstörungen auf.

Ähnliche Arten: Die sehr ähnlichen Pfeffermilchlinge (Lactarius pergamenus und piperatus) unterscheiden sich durch kahlen, stärker gebräunten Hut und sehr gedrängt stehende Lamellen. Sie haben eine weiße, stark brennende Milch, die sich beim Eintrocknen grüngrau oder grau verfärbt. Nach üblichen Rezepten zubereitet schmecken sie unangenehm und verursachen Verdauungsstörungen. Dagegen schätzt man sie in Osteuropa als Bratpilze und verkauft sie dort auch auf Märkten.

Der Blaublättrige Weißtäubling (Russula delica) sieht dem Wollschwamm ähnlich; sein Hut jedoch ist kahl. Er sondert auch keinen Milchsaft ab. Der tranig riechende Pilz ist nicht empfehlenswert.

Milchbrätling

Lactarius volemus

Eßbar

Ein stattlicher, orangebrauner, samtiger Milchling saurer Laub- und Nadelwälder mit charakteristischem fischartigem Geruch und weißer Milch.
Hut anfangs dunkel orangebraun, vom Rand her aufhellend, fein samtig und matt, nie schmierig, jung gewölbt, später trichterförmig niedergedrückt mit lange eingerolltem Rand, meist 6–10 cm breit.
Lamellen blaß ockerfarben, alt leicht rötlich-ocker, am Stiel erst gerade angewachsen, alt etwas herablaufend, bei Verletzung von den eintrocknenden Milchtropfen rostbraun fleckig.
Stiel wie der Hut orangebraun gefärbt, zylindrisch, blaß bereift, innen oft etwas markig.
Fleisch blaß cremefarben, ziemlich fest und brüchig, nie faserig, mit milder, weißer Milch und starkem, an Fisch erinnerndem Geruch.
Sporenpulver weiß.
Wert: Den Milchbrätling mit seinem sehr ausgeprägten Eigengeschmack sollte man nur in Stücke schneiden und braten, und nicht mit anderen Pilzen mischen (s. Rezept S. 109). Zum Trocknen oder Einfrieren eignet er sich nicht. Dieser bei uns wohl bekannteste und beliebteste Milchling darf übrigens als einziger Pilz auch roh gegessen werden.
Ähnliche Arten: Achtet man auf den typischen Geruch, so kann man den Brätling praktisch nicht mit anderen Arten verwechseln. Gelegentlich werden dunkler braune oder auf der Huthaut etwas runzelige Formen des Brätlings gefunden.
Der kleinere, in der Mitte spitzgebuckelte, satt rotbraune und nie samtige Rotbraune Milchling (Lactarius rufus) hat eine brennend scharfe, weiße Milch und verursacht Verdauungsstörungen. Er wächst scharenweise im Nadelwald und nicht selten zusammen mit dem Brätling.
Es gibt noch eine Reihe rot- und orangebrauner, meist kleinerer Milchlinge mit weißer, milder oder scharfer Milch. Sie riechen nie wie Brätlinge und sind fast ausnahmslos ungenießbar.

Fichtenreizker

Lactarius semisanguifluus

Eßbar

Im Gegensatz zu dem bekannten Echten Reizker des Kiefernwaldes findet man diesen Pilz unter Fichten.

Hut anfangs gleichmäßig orange und etwas bereift, bald mehr oder weniger stark gezont und mit grünlichen Flecken, oft aber auch ungezont, erst flach mit eingerolltem Rand, alt etwas trichterförmig, kahl, bei Regen glänzend und klebrig, meist 6–8 cm breit.

Lamellen leuchtend orangerot, schmal und ziemlich gedrängt, alt am Stiel herablaufend, bei Verletzung weinrot oder grün fleckend.

Stiel orangerot, ziemlich kurz, zylindrisch, glatt, hohl und watteartig ausgestopft.

Fleisch orangerot, im Anschnitt reichlich karottenrote Milch absondernd, Schnittstelle nach 20 Minuten weinrot verfärbend, etwas bitter und mit obstartigem Geruch.

Sporenpulver hell ocker.

Wert: Der Fichtenreizker eignet sich besonders als Pilzgemüse und zum Braten. Auch gegrillt schmekken ganze Hüte sehr gut (s. Rezepte S. 109, 112). Zum Trocknen und Einfrieren ungeeignet.

Ähnliche Arten: Der Pilz wird meist mit dem Echten Reizker (Lactarius deliciosus) verwechselt. Dieser unterscheidet sich durch stärker gezonten Hut und beim Eintrocknen grüngrau, nie weinrot verfärbende Schnittstelle.

In den Alpen findet man den einfarbig orange gefärbten Lachsreizker mit orangeroter Milch.

Alle rotmilchenden Reizker sind eßbar.

Birkenreizker

Lactarius torminosus

Bedingt genießbar

Ein fleischroter, stark gezonter und fransiger Milchling mit weißem Milchsaft, der unter Birken wächst.
Hut fleisch- bis blaß karminrot, heller gezont, bereift, anfangs genabelt mit lange eingerolltem Rand, später etwas trichterförmig, am Rand stark gefranst, meist 5–12 cm breit.
Lamellen blaß ockerfarben, schmal, dünn und gedrängt stehend, um den Stiel oft genabelt mit glatter Schneide.
Stiel wie der Hut gefärbt, bereift und mit einzelnen dunkleren Wasserflecken, auffallend kurz und dick, hohl.
Fleisch blaß rötlich, mit weißem, stark brennendem Milchsaft.
Sporenpulver blaß gelblich.
Wert: Der Birkenreizker löst bei der Zubereitung nach üblichen Rezepten Verdauungsstörungen aus und wird deshalb oft als Giftpilz bezeichnet. Er kann aber durch Einsalzen oder längeres Wässern genießbar gemacht werden. Der Pilz kommt in den nordischen Birkenwäldern sehr häufig vor, wird in Nordosteuropa viel auf Märkten verkauft und in riesigen Mengen in der Konservenindustrie verwendet. In Finnland ist er der beliebteste Speisepilz.

Ähnliche Arten: In Buchenwäldern wachsen mehrere ähnlich gefärbte, einen weißen, scharfen Milchsaft enthaltende Arten. Diese ausnahmslos ungenießbaren Milchlinge haben einen kahlen Hutrand. Unter Lärchen, vorwiegend im Gebirge findet man den ebenfalls kahlen, orangefarbenen und gezonten Lärchenmilchling (Lactarius porninsis). Er ist mild und ein guter Speisepilz.

Grubiger Milchling

Lactarius scrobiculatus

Ungenießbar

Ein großer, strohgelber Milchling, den man häufig in Gebirgsgegenden findet, kenntlich an der weißen, rasch gelb verfärbenden Milch.

Hut stroh- bis ockergelb, mit dunkleren, kreisförmig angeordneten Flecken bedeckt, in der Mitte genabelt und glatt, mit lange eingerolltem, fransigem, im Alter kahlem Rand, bei Feuchtigkeit stark schleimig, meist 10–15 cm breit.

Lamellen ockergelb, ziemlich gedrängt stehend mit glatter Schneide, bei Verletzung etwas fleckend, am Stiel gerade angewachsen und oft genabelt, alt etwas herablaufend.

Stiel wie der Hut gefärbt, mit flaumigem Reif und zahlreichen dunklen Flekken, zylindrisch, sehr kurz und dick.

Fleisch gelblich, beim Anschneiden einen weißen, nach 5 Sekunden rasch schwefelgelb verfärbenden, sehr scharfen Milchsaft ausscheidend.

Sporenpulver blaß cremefarben.

Wert: Der Grubige Milchling ist nach üblichen Rezepten ungenießbar. Er schmeckt ausgesprochen unangenehm und verursacht Verdauungsstörungen. Wie viele andere scharfe Milchlinge wird er in Osteuropa gegessen.

Ähnliche Arten: Es gibt keinen anderen Pilz, der eine weiße, rasch gelb verfärbende Milch absondert. Der recht seltene und ebenfalls ungenießbare Violett milchende Zottenreizker (Lactarius repraesentaneus) sieht dem Grubigen Milchling sehr ähnlich, hat aber violette Milch. Der wertlose Goldmilchling (Lactarius chrysorrheus) ist kleiner, mehr orange gefärbt, in der Hutmitte nicht genabelt und hat eine von Anfang an goldgelbe Milch. Man findet ihn unter Eichen, seltener im Kiefernwald.

Mohrenkopf

Lactarius lignyotus

Eßbar

Ein kleiner, dunkel rußbrauner, gebuckelter und runzeliger Milchling, den man häufig und scharenweise in Nadelwäldern trifft.

Hut rußschwarz, im Alter nach schwarzbraun aufhellend, erst kugelig mit eingerolltem und leicht geripptem Rand, bald etwas niedergedrückt. In der Mitte fast immer spitz gebuckelt, stets trocken, matt und runzelig, meist 3–6 cm breit.

Lamellen fast weiß, nur alt sehr blaß cremefarben, bei Verletzung etwas rötend, dünn und ziemlich gedrängt stehend, mit glatter Schneide, am Stiel in Form rußbrauner Runzeln noch etwas herablaufend.

Stiel wie der Hut gefärbt, an der Spitze runzelig, sonst glatt, matt und samtig, ziemlich lang und dünn.

Fleisch weiß, langsam etwas rosa anlaufend, brüchig, niemals faserig, mit weißer und milder Milch. Sporenpulver hell ockerfaben.

Wert: Ein wenig bekannter, aber schmackhafter Milchling. Als Gemüse zubereitet hat er mitunter einen erdartigen Beigeschmack.

Ähnliche Arten: Es gibt mehrere rußigbraune, meist größere Milchlinge mit bitterem oder scharfem, weißem oder verfärbendem Milchsaft. Diese Arten sind ausnahmslos ungenießbar. Man erkennt sie bei genauem Hinsehen an dem auch an der Spitze glatten, niemals durch die fortgesetzten Lamellen runzeligen Stiel.

Pfifferling, Reherl, Eierschwamm

Cantharellus cibarius

Eßbar

Ein eigelber, kleiner Pilz mit welligem, unregelmäßig verbogenem Hut und dicken, gabeligen Leisten auf der Außenseite, der im Nadel- und Laubwald wächst.

Hut schön dottergelb, im Laubwald etwas blasser, anfangs halbkugelig mit eingerolltem Rand, dann trompeten- bis trichterförmig mit unregelmäßig verbogenem Rand, Oberhaut matt, bei Trockenheit rissig werdend, 2–5 cm breit und bis zu 6 cm hoch.

Leisten auf der Außenseite wie der Hut gefärbt, faltenförmig und weit herablaufend, schmal mit abgerundeter Schneide, unregelmäßig gabelig und oft durch quer verlaufende Adern verbunden.

Stiel dottergelb, vom Hutansatz zum Fuß gleichmäßig verjüngt.

Fleisch gelblich-weiß, im Hutkern fast weiß, mit kräftigem, angenehmen Geruch und pfefferigem Geschmack.

Wert: Dieser herzhafte Pilz gehört ohne Zweifel zur Spitzenklasse, ist einer der beliebtesten Marktpilze, und für alle Zubereitungsarten geeignet.

Leider findet man ihn immer seltener, vermutlich weil übereifrige Sammler auch die kleinsten Pilze mitnehmen, dabei die Bodendecke aufreißen und das Pilzgeflecht zerstören.

Ähnliche Arten: Mitunter findet man Fruchtkörper mit amethystblauem Hut, die man ebenso wie die im Laubwald wachsende blassere und größere Abart uneingeschränkt verwenden kann.

Der Falsche Pfifferling (Hygrophoropsis aurantiaca) ist ein harmloser Doppelgänger.

Schweinsohr

Gomphus clavatus

Eßbar

Ein oft trupp- oder reihenweise in Büscheln wachsender Pilz gebirgiger Nadelwälder, vorwiegend im Süden, kreiselförmig, einem Pfifferling ähnlich, aber schmutzig ockerfarben bis grau.

Fruchtkörper nur undeutlich in Hut- und Stielteil gegliedert, nach oben gleichmäßig verbreitert und flach, ohne ausgebildete Hutkante, anfangs leicht violett, bald schmutzig ockergrau, auf der Außenseite dunkel violett bis grau und von unregelmäßig verlaufenden, gegabelten und stumpfkantigen, netzartig verbundenen Leisten durchzogen, gegen den Fuß gleichmäßig zugespitzt und glatt, bis 8 cm hoch und 3 cm breit.

Fleisch weiß und weich, mit würzigem Geruch und Geschmack.

Wert: Im Gegensatz zum Pfifferling wird dieser Pilz stärker von Maden angegangen. Er kann bei Massenauftreten ergiebige und schmackhafte Gerichte liefern, die jedoch das Aroma des Pfifferlings nicht erreichen.

Ähnliche Arten: Bei Beachtung der violettgrauen runzeligen Leisten auf der Außenseite des Hutes ist eine Verwechslung nicht möglich. Es gibt im Bergwald bei Tannen eine ähnliche, ebenso gefärbte, größere und außen nur wenig gerunzelte Pilzart. Diese Gestutzte Keule (Clavaria truncata) gehört in die Verwandtschaft der Korallenpilze. Wegen des leicht bitteren Geschmacks ist sie nicht empfehlenswert.

Das Schweinsohr nimmt zwischen den Leistlingen und den Korallenpilzen eine Mittelstellung ein.

Totentrompete

Craterellus cornucupoides

Eßbar

Ein oft scharenweise und büschelig in Buchenwäldern wachsender düster grauschwarzer, trompetenförmiger Pilz mit schwarzem Fleisch.

Fruchtkörper bei feuchtem Wetter fast schwarz, bei Trockenheit nach schwarzgrau verblassend, anfangs mit kleinem, trichterförmigem und am Rand umgerolltem Hut, später stark genabelt und trompetenförmig, Öffnung in der Hutmitte bis zum Stielfuß reichend, am Rand stark wellig, auf der Außenseite bis weit herab schmutzig weißgrau, erst glatt, später schwach faltig, gegen den Fuß gleichmäßig verjüngt, bis 5 cm breit und hoch.

Fleisch grauschwarz, etwas zäh und sehr dünn, Geruch schwach, Geschmack erdartig.

Wert: Die Totentrompete verwendet man vor allem als Würzpilz. Junge, getrocknete Pilze werden entweder zu Pulver zerrieben oder im ganzen an Suppen, Saucen oder Gemüseeintopf gegeben. Sie eignen sich auch als Ersatz für die sogenannten China-Pilze (s. Rezept S. 104), die getrocknet in den Handel kommen. Als Frischgericht hat die Totentrompete einen etwas eigentümlichen, erdartigen Geschmack.

Ähnliche Arten: Der eßbare Graue Pfifferling (Cantharellus cinereus) wächst in Laubwäldern, ist kleiner und unterscheidet sich nur durch weniger tief genabelten Hut und graue, stumpfe und gabelig verzweigte Leisten auf der Hutaußenseite.

△

Habichtspilz

Sarcodon imbricatum

Eßbar

Ein braungrau schuppiger, auf der Unterseite stacheliger Pilz, der scharenweise im Laub- und Nadelwald wächst.

Hut dunkel braungrau, unregelmäßig verbogen und in der Mitte trichterförmig genabelt, mit sehr großen, aufrechten, dachziegelartigen und konzentrisch angeordneten Schuppen, die im Alter langsam schwinden, bis 20 cm breit.

Stacheln weißgrau, im Alter und bei Druck leicht purpurbraun verfärbend, bis 1 cm lang, zugespitzt.

Stiel weiß, bräunend, sehr kurz und korkig-fest, samtig, bald aber kahl, oft nicht deutlich vom Hut abgesetzt.

Fleisch bräunlichgrau, fest und ziemlich zäh, geruchlos, etwas bitter.

Wert: Frisch gesammelte Habichtspilze werden mitunter als Bratpilze verwendet. Dennoch eignen sie sich wegen des bitteren Geschmacks kaum als Frischgerichte. Getrocknet und zu Pulver zerrieben ergeben sie – sparsam dosiert – eine ausgezeichnete und herzhafte Würze zu Suppen und Saucen.

Ähnliche Arten: Mehrere seltene, ähnliche, aber am Hut nicht so grob schuppige Stachelpilze sind ungenießbar.

Der semmelfarbene, bis 8 cm breite Stoppelpilz (Hydnum repandum) ist unregelmäßig buckelig und hat orangefarbene bis weiße Stacheln auf der Unterseite. Der leicht kenntliche Pilz, der von oben an einen Pfifferling erinnert, eignet sich für Mischpilzgerichte; im Alter schmeckt er oft bitter.

Goldgelber Ziegenbart

Ramaria aurea

Eßbar

Ein großer, korallenartig verzweigter Pilz, der meist in Gruppen in Nadelwäldern des Gebirges wächst.

Fruchtkörper kräftig goldgelb bis orange, korallenartig verzweigt, aus einem dicken Strunk entspringend, an den Enden in abstehende, stumpfe Ästchen auslaufend, 5–10 cm hoch und meist 10–15 cm breit.

Fleisch weißlich, ziemlich elastisch, aber nicht zäh, sondern beim Umbiegen abbrechend, mit schwachem Geruch und mildem Geschmack.

Wert: Der Goldgelbe Ziegenbart ist eßbar und ergibt ein durchaus schmackhaftes, aber etwas zähes Gericht. Mit den übrigen wohlschmeckenden Speisepilzen kann er jedoch kaum konkurrieren. Außerdem ist die Gefahr einer Verwechslung mit den unten aufgeführten giftigen Korallenpilzen sehr groß; man läßt ihn also besser stehen.

Ähnliche Arten: Der Klebrige Hörnling (Calocera viscosa), ein kleiner, orangegelber, korallenartig verzweigter und sehr zäher, biegsamer Pilz an Resten von Nadelbäumen wird oft für den Ziegenbart gehalten. Er ist zwar nicht giftig, aber ungenießbar.

Die giftige Schöne oder Dreifarbige Koralle (Ramaria formosa) des Laub- und Mischwaldes sieht dem Goldgelben Ziegenbart überaus ähnlich. Die ocker-orange gefärbten Strünke dieses Pilzes laufen in meist (aber nicht immer!) gelbe Spitzen aus. Ihr Genuß verursacht heftige Verdauungsstörungen. Die Bauchwehkoralle (Ramaria pallida) mit blaß lederfarbenem Strunk und violetten Zweigspitzen ist ebenfalls schwach giftig.

Weiße, graue, braune oder sogar grüne Korallenpilze sind nicht genießbar.

Krause Glucke

Sparassis crispa

Eßbar

Ein gebietsweise häufig auftretender Pilz, wächst an alten Kiefernstämmen, einer blassen Koralle ähnlich.

Fruchtkörper blaß ockerfarben, alt auch dunkler bräunlich, aus einem harten, einer Kiefernwurzel aufsitzenden Strunk entspringend, mehrfach verzweigt und in dicht gedrängte, an den Enden stark verbreiterte und wellige, etwa 2 mm dicke Zweige auslaufend, bis zu 30 cm breit und 5 kg schwer.

Fleisch weiß, ziemlich fest, aber nicht zäh, geruchlos und mild.

Wert: Ein recht ergiebiger Speisepilz, dessen Wohlgeschmack entscheidend von der Zubereitung abhängt (s. Rezept S. 115). Ältere Fruchtkörper werden leicht bitter.

Ähnliche Arten: Die eßbare Eichenglucke (Sparassis laminosa) findet man gelegentlich unter alten Eichen. Sie ist meist etwas kleiner, eher grauweiß gefärbt und hat dünne, stark verbreiterte und blattartig gefaltete Zweigenden.

Auch Ziegenbärte (S. 89) sehen der Krausen Glucke ähnlich; sie haben aber spitze, niemals verbreiterte Zweigenden.

Flaschen-stäubling

Lycoperdon perlatum

Eßbar

Ein Stäubling des Laub- und Nadelwaldes, der oft in Büscheln wächst. Er ist an den kleinen, weißen, warzigen und flaschenförmigen Fruchtkörpern zu erkennen.

Fruchtkörper in einen kugeligen Kopf und einen deutlich abgesetzten Stielteil gegliedert, wie eine Flasche mit dem Hals nach unten, anfangs rein weiß, dann oft etwas graubraun, von abwischbaren, im Alter verschwindenden Warzen bedeckt, unter der brüchigen Außenschicht mit rein weißem, markigem und weichem Fleisch, das sich im oberen Teil später schmutzig olivbraun verfärbt und zu einem Sporenstaub zerfällt, der bei Druck an der Spitze austritt.

Wert: Trotz des strengen rettichartigen Geruchs, der aber beim Kochen vergeht, sind die jungen, innen noch nicht verfärbten Flaschenstäublinge brauchbare Speisepilze, die man nicht mit anderen Arten mischen sollte. Stäublinge müssen bald verwendet werden.

Ähnliche Arten: Die zahlreichen im Volksmund als »Boviste« bezeichneten Verwandten unterschiedlichster Größe kann man ebenfalls essen, sofern sie innen rein weiß sind. Nur wenige erreichen aber den Geschmack des Flaschenstäublings.

Der an Baumstümpfen wachsende Birnenstäubling (Lycoperdon pyriforme) gehört zu den häufigsten Arten. Er hat birnenförmige, ockerbraune und nur fein warzige Fruchtkörper ohne Stiel. Sein Speisewert ist gering. Dagegen reicht der bis einen halben Meter große Riesenbovist (Langermannia gigantea) aus, eine ganze Familie zu sättigen.

Kartoffelbovist

Scleroderma aurantium

Giftig

Ein kartoffelähnlicher, sehr schwerer, gelbbrauner Bovist sandiger Wälder und Heiden.

Fruchtkörper gelb-ockerbraun, schon jung in Feldern aufbrechend, mit sehr dicker und harter Außenschale, auffallend schwer und hart, in Form und Gewicht mit einer rohen Kartoffel vergleichbar, am Grund mit einigen weißlichen Fasern, 3–8 cm breit.

Fleisch anfangs purpurgrau mit dicker, weißer Schale, später schwarz verfärbend, sehr hart, zuletzt in Staub zerfallend.

Giftigkeit: Der Kartoffelbovist ist nicht lebensgefährlich giftig. Wenn man allerdings größere Mengen davon ißt, verursacht das Schwindelanfälle und Erbrechen.

Ähnliche Arten: Der seltene Dünnschalige Kartoffelbovist (Scleroderma verrucosum) hat eine kastanienbraune und glatte Außenschicht. Er gilt als giftig und hat ebenfalls von Anfang an dunkel gefärbtes Fleisch. Alle übrigen Stäublinge sind in der Jugend innen weiß und können, solange sie sich noch nicht verfärbt haben, gegessen werden.

Der Flaschenstäubling ist auf der vorangehenden Seite abgebildet.

Stinkmorchel

Phallus impudicus

Jung genießbar

Ein morchelähnlicher Pilz des Laub- und Nadelwaldes, der einen starken, aasartigen Geruch verbreitet. **Fruchtkörper** anfangs halbunterirdisch, kugelig mit grauer Außenhaut und einem wurzelartigen Fortsatz, im Schnitt mit einem harten weißen Kern, der von einer olivgrauen, unreifen Sporenmasse und einer dicken, durchscheinenden bräunlichen und gallertartigen Schicht umgeben wird. Später bricht er an der Spitze auf und entwickelt einen weißen, löchrigen und nach oben verjüngten Stiel, der an der Spitze einen gekammerten, glockenartigen und von einer widerlich nach Aas stinkenden Sporenmasse bedeckten Hut trägt. Die Sporen werden durch Aasfliegen verbreitet.

Wert: Der harte weiße Kern junger Stinkmorcheln, sogenannte Hexeneier, kann nach Entfernen der Schleimschicht gebraten und verzehrt werden, schmeckt aber nicht besonders gut. Im übrigen

dürfte der unangenehme Geruch kaum zu Kostversuchen verleiten.

Ähnliche Arten: Die Stinkmorchel gehört zu den Bauchpilzen und ist mit den Stäublingen näher verwandt als mit den Echten Morcheln, mit denen sie nur das Aussehen gemein hat. Verwechslungen sind kaum denkbar.

Die Hundsrute (Mutinus caninus) ist viel kleiner und besitzt ein orangerotes, von olivgrauer Sporenmasse bedecktes Hütchen auf einem kaum dünneren, sehr gebrechlichen Stiel.

Die Verwandten der Stinkmorchel sind vorwiegend in den wärmeren Gebieten unserer Erde beheimatet. Wegen ihrer eigentümlichen Form werden sie oft »Pilzblumen« genannt. Der widerliche Gestank nach Aas ist diesen bizarren Pilzen gemeinsam und wenig angenehm. Dafür ist ihre Gestalt oft bezaubernd: Es gibt mit zarten, geflochtenen Schleiern bekleidete »Schleierdamen« und leuchtend rote »Tintenfische«, die ihre Fangarme emporstrecken.

Eichhase

Grifola umbellata

Eßbar

Ein seltener Pilz aus der Familie der Porlinge mit vielen kleinen Hütchen auf einem bis zu 30 cm breiten Strunk. Er wächst in der Nähe alter Eichen oder Buchen.

Fruchtkörper aus einem harten und festen, schwarzbraunen, den Wurzeln lebender Bäume aufsitzenden Strunk entspringend, mit mehrfach verzweigten, an den Enden 1–4 cm breite Hütchen tragenden Ästen. Hütchen trichterförmig, genabelt und hell braungrau, fein schuppig, auf der Unterseite mit weißen, in das Hutfleisch eingesenkten Porenöffnungen.

Fleisch weiß, etwas zäh, mit eigentümlichem Geruch und mildem Geschmack.

Wert: Der Eichhase ist eßbar, aber meist von Maden befallen. Junge Fruchtkörper können zwar ganz gute und reichliche Gerichte liefern, doch sollte man diesen äußerst seltenen Pilz stehen lassen.

Ähnliche Arten: Der Klapperschwamm (Grifola frondosa) wächst an alten Eichen und kann bis zu einen halben Meter breit und 15 kg schwer werden. Seine Hüte sind größer, spatelförmig und einseitig gestielt. Er ist nur ganz jung eßbar.

Die auf S. 90 abgebildete Krause Glucke sieht dem Eichhasen entfernt ähnlich, hat aber keine Hüte an den Zweigenden.

Speisemorchel

Morchella esculenta

Eßbar

Morcheln findet man im zeitigen Frühjahr, vor allem in Parkanlagen und Auwäldern.

Fruchtkörper aus einem dicken, weißen, am Grund etwas faltig-runzeligen Stiel und einem unregelmäßig kugeligen, hohlen und wabenartig gekammerten, gelblichbraunen Hut bestehend. Trennwände zwischen den Kammern sehr stumpf und unregelmäßig.

Wert: Die Speisemorchel wird gebietsweise viel gesammelt. Sie liefert in der pilzarmen Zeit reichliche Gerichte, erreicht aber nicht den Wohlgeschmack anderer Speisepilze.

Ähnliche Arten: Unter den Morcheln gibt es mehrere schwer unterscheidbare Arten. Sie besitzen meist einen kegeligen, nach oben verjüngten Hut und zwischen den einzelnen Kammern senkrecht durchlaufende Rippen. Alle Morchelarten sind eßbar.

Man hüte sich jedoch vor Verwechslungen mit der äußerlich etwas ähnlichen, unregelmäßig gelappten, nie gekammerten Frühlorchel (Gyromitra esculenta). Dieser Pilz wird zwar in manchen Gegenden viel gegessen, verursacht aber immer wieder tödliche Vergiftungen. Seit man die Wirkungsweise des Lorchelgiftes, des sogenannten Gyromitrins kennt, wird vom Genuß der Frühlorchel allgemein abgeraten.

Pilze als Nahrungsmittel

Ein frischer Pilz besteht zu 85 bis 90% aus Wasser. Der Eiweißgehalt liegt mit etwa 6% über dem von Gemüse, der Fettanteil mit durchschnittlich 0,5% deutlich unter dem von Fleisch, Fisch oder Eiern. Auch der Vitamingehalt fällt ins Gewicht: Neben Vitamin A und B fand man auch Vitamin D, das in anderen Gemüsen nur vereinzelt vorhanden ist. Pilze sind also ein nährstoffreiches, doch kalorienarmes Nahrungsmittel. Selbstverständlich können sie das tierische Eiweiß nicht ersetzen; denn für den menschlichen Körper ist das Pilzeiweiß nur teilweise verwertbar. Die Zellwände der Pilze enthalten meist Chitin und sind deshalb von den Verdauungssäften nur schwer aufzuschließen. Beschränken Sie sich beim Sammeln besser auf die leichter verdaulichen jungen Fruchtkörper mit ihren dünnen Zellwänden. Für alle Pilze gilt: ausreichend garen und gut kauen!

Die Zubereitung

Pilze müssen ebenso wie andere Lebensmittel so zubereitet werden, daß ihr typischer Geschmack voll zur Geltung kommt. Manche Pilze eignen sich zum Braten, manche zum Dünsten, manche geben getrocknet Suppen und Saucen den letzten Pfiff.

Würzen Sie sparsam, damit das zarte Pilzaroma nicht überdeckt wird. Petersilie und Pfeffer passen an jedes Pilzgericht, doch auch Thymian oder Rosmarin, frischen Dill, Estragon oder Borretsch und sogar ein wenig Knoblauch können Sie zugeben.

Bevor Sie mit der Zubereitung beginnen, müssen die Pilze sorgfältig gereinigt sein. Wenn Sie bereits beim Sammeln den gröbsten Schmutz sowie angefressene oder madige Teile entfernt haben, geht das Putzen

schnell. Waschen sollten Sie Pilze, die dabei unnötig viel Wasser aufnehmen, nur notfalls. Schleimschichten auf Hut und Stiel ziehen Sie ab. Bei älteren Fruchtkörpern entfernen Sie bitte auch Huthaut und Lamellen bzw. Röhren, da sich hier gesundheitsschädliche Substanzen ablagern können.
Zum Braten und Dünsten schneiden Sie die geputzten Pilze in etwa 2 mm dicke Scheiben. Sehr dünnfleischige Pilze wie Stockschwämmchen oder Schwefelköpfe können Sie auch ganz lassen. Geben Sie die Pilze in wenig heißes Fett, rühren Sie kurz um und decken Sie das Kochgeschirr zu. Sobald die Pilze genügend Wasser abgegeben haben, sollen sie bei geringer Hitze mindestens 15, jedoch nicht länger als 20 Minuten dünsten.
Beim Braten in der offenen Pfanne müssen Sie zum Ausgleich für die stärkere Verdunstung etwas mehr Fett zugeben.
Zum Schluß werden die Pilze gewürzt und mit süßer oder saurer Sahne – kalorienbewußte Esser nehmen Dickmilch oder Joghurt – abgeschmeckt.
Festfleischige Pilze wie Reizker, Milchlinge oder Steinpilze schmecken auch gegrillt. Bespannen Sie den Rost des Holzkohlengrills mit Alufolie. Bei Elektro- oder Gasgrills können Sie die unzerteilten Pilzhüte direkt auf den Rost legen. Die Stiele halbieren Sie der Länge nach. Die Pilze werden mit Butter beträufelt und auch während des Grillens immer wieder mit zerlassener Butter bestrichen. Wenn Sie auf Ihre schlanke Linie achten müssen, verzichten Sie besser auf Pilze vom Grill; wegen der reichlichen Fettzugabe werden sie nämlich recht kalorienhaltig! Je nach Dicke brauchen die Pilze 10 bis 20 Minuten, und der Abstand zur Strahlungsquelle darf nicht zu knapp sein.

Wie lange kann man Pilze aufbewahren?

Die Lagerfähigkeit hängt ganz entscheidend vom Zustand der Pilze ab. Bei Regenwetter gesammelte Pilze sollten Sie ebenso wie gekaufte möglichst noch am selben Tag zubereiten. Vorher werden sie an einem kühlen und luftigen Ort aufbewahrt. In den Kühlschrank dürfen Sie Frischpilze nur legen, wenn sie ganz trocken sind und dann keinesfalls in die Gemüseschale, sondern in eine Schüssel, die Sie mit einem Tuch abdecken. Übrigens: je rascher Sie die Pilze verwenden, desto weniger Abfall haben Sie; Maden fressen auch im Kühlschrank weiter. Wollen Sie rohe Pilze länger als 24 Stunden aufbewahren, so sollten Sie sie einfrieren oder trocknen.
Reste von Pilzgerichten können Sie ohne Bedenken im Kühlschrank bis zum nächsten Tag aufbewahren. Stellen Sie jedoch die geringste Geschmacksveränderung fest, so werfen Sie das Gericht sofort weg; es besteht sonst Vergiftungsgefahr!

Einfrieren von Pilzen

Haltbarkeit, Qualität und Wohlgeschmack tiefgefrorener Pilze bestimmen Sie selbst: durch die Sorgfalt, die Sie schon bei der Vorbereitung walten lassen. Denn Pilze stellen besonders hohe Anforderungen, und das Einfrieren muß sehr rasch bei möglichst tiefen Temperaturen vor sich gehen.
Zum Einfrieren eignen sich Steinpilze, Pfifferlinge, Maronen und andere festfleischige Sorten.

Bevor Sie die Pilze einfrieren, können Sie sie blanchieren, daß heißt 3 bis 5 Minuten in kochendes Wasser tauchen und dann kalt abschrecken. Bei dieser Prozedur geht mit dem Abgießen der Blanchierflüssigkeit zwangsläufig ein beträchtlicher Teil der Nährstoffe und des Pilzaromas verloren. Die ohnehin begrenzte Haltbarkeit der Pilze wird durch Blanchieren nur unwesentlich verlängert: Rohe oder fertig zubereitete Pilze können Sie 3 bis 4 Monate im Gefriergerät lagern, blanchierte höchstens 6 Monate. Andererseits sparen Sie Platz, denn beim Blanchieren fallen die Pilze zusammen. Stark verfärbende oder rasch faulende Pilzarten wie Tintlinge behalten ihre ursprüngliche Farbe.
Beachten Sie beim Tiefgefrieren bitte unbedingt folgende Regeln:

- Nur ganz frische Pilze verwenden. Gekaufte Waldpilze sind nie ganz frisch!
- Bereits mehrere Stunden vor dem Einfrieren den Gefrierschrank auf stärkste Kühlstufe stellen!
- Pilze sorgfältig reinigen, kochfertig aufschneiden, nicht würzen oder salzen!
- Werden die Pilze nicht blanchiert, nach dem Waschen gut abtrocknen und erst unmittelbar vor dem Einlegen in das Tiefkühlfach portionsweise verpacken!
- Blanchierte Pilze in **flache** Alu-Gefrierschalen füllen, damit sie bei der Zubereitung gleichmäßig und rasch auftauen.
- Pilze niemals in Gefrierfächern von Kühlschränken einfrieren!
- Nur kleine Mengen in das Tiefkühlfach geben. Bei Massenernten besser ratenweise einfrieren!
- Pilze nicht über 6 Monate lagern!
- Tiefgefrorene Pilze nicht auftauen, sondern gefroren in den Topf geben und dann wie frische Pilze zubereiten.
- Tiefgefrorene Pilze bei geringster Geschmacksveränderung sofort in den Abfalleimer werfen. Beim Genuß verdorbener Speisepilze besteht Vergiftungsgefahr!
- Gerichte aus tiefgefrorenen Pilzen innerhalb kurzer Zeit verzehren. Keinesfalls mehr aufwärmen!

Noch ein Tip: Auch Zuchtpilze, die Sie das ganze Jahr über kaufen können, sollten Sie einfrieren, wenn sie günstig angeboten werden.

Trocknen von Pilzen

Trockenpilze sind eine hervorragende Würze für Suppen, Saucen oder Gemüseeintopf. Die frischen Pilze, am besten festfleischige Röhrlingsarten, schneiden Sie nach dem Reinigen in ca. 2 mm dicke Scheiben, fädeln sie auf eine Schnur und hängen sie an einem luftigen und trockenen Ort auf. Es dauert meist einige Tage, bis beim Umbiegen der Pilzschnitten kein Wasser mehr austritt. Die Pilze werden dann abgenommen und in einem gut verschließbaren Glas aufbewahrt. Sie bleiben so mehrere Jahre haltbar und aromatisch.
Trocknen Sie Pilze im Backrohr, so schneiden Sie diese etwas dicker und legen sie ausgebreitet auf Alufolie. Bei spaltbreit geöffnetem Rohr und einer Höchsttemperatur von 50 Grad (nicht heißer!) sind sie nach etwa 20 Stunden trocken. Das lästige Ankleben können Sie vermeiden, wenn Sie die Pilze nach der Halbzeit umgedreht auf eine frische Folie legen.

Pilze, die man kaufen kann

Neben großen Mengen von Kulturchampignons kommen bei uns auch frische Waldpilze zum Verkauf. Es gibt Marktordnungen, in denen genau festgelegt ist, welche Pilzarten gewerblich gehandelt werden dürfen. In der Praxis werden diese Vorschriften oft mißachtet, so daß schon wiederholt minderwertige und sogar ungenießbare Pilze zum Verkauf angeboten worden sind. Sachverstand ist auch beim Kauf von Pilzen wichtig.

Die meisten Frischpilze, die man kaufen kann, stammen aus dem Ausland. Die hohen Löhne, die man einem Pilzsammler hierzulande zahlen muß, lassen die ohnehin teuren einheimischen Pilze unerschwinglich werden.

Steinpilze, Pfifferlinge und »Mischpilze« kann man auch in Dosen kaufen. Diese Konserven werden häufig aus importierter, eingesalzener Rohware hergestellt. Die Konservenindustrie hat Normen zur Verarbeitung frischer oder eingesalzener Pilze aufgestellt, die dem Verbraucher eine einwandfreie, nicht oder nur unbedeutend von Maden befallene Ware garantieren. Außerdem werden die Betriebe laufend überwacht. Bisher ist in Konserven noch nie ein Giftpilz gefunden worden.

Pilze selbst züchten?

Nichts spricht gegen eine Züchtung von Speisepilzen für den Hausgebrauch. Was industriell in großen Mengen gezogen werden kann, läßt sich auch im kleinen anbauen. Leider kostet das viel Geld! Gekaufte Champignons sind sicher erheblich preiswerter. Andererseits ist das Selberziehen von Pilzen eine abwechslungsreiche und spannende Freizeitbeschäftigung.

Vielfach wird »Pilzbrut« zur Selbstzucht von Speisepilzen angeboten. Es handelt sich vorwiegend um Formen des Kulturchampignons, Austernseitlinge (»Kalbfleischpilze«) oder den in der Natur sehr seltenen Riesenträuschling (Stropharia rugosoannulata). Leider werden aber die Pilzbruten selbst bei genauestem Befolgen der Gebrauchsanleitung allzu oft von »Unkräutern«, nämlich anderen, unerwünschten Pilzarten so schnell durchwuchert, daß von den erwarteten Speisepilzen nichts oder nicht viel zum Vorschein kommt. Wer sich damit abfindet, daß die Versprechungen auf der Anleitung vielfach nicht in Erfüllung gehen, kann trotzdem Spaß daran finden.

Die Zucht der meisten Waldpilze, insbesondere des Steinpilzes oder des Pfifferlings, die sich mancher Pilzfreund so sehnlich wünscht, wird noch lange Zukunftstraum bleiben. Zwar führt man heute in Laboratorien viele erfolgreiche Kulturversuche mit allen möglichen Pilzarten durch, eine für Speisezwecke rentable Fruchtkörperbildung ist dabei aber vorläufig nicht zu erwarten.

Der Nährwert einiger Speisepilze im Vergleich zu anderen Lebensmitteln

(Zahlen nach Bötticher)

	Wasser %	Eiweiß %	Fett %	Kohlehydrate %	Rohfaser %	Mineralstoffe %	Kalorien in 100 g
Steinpilz frisch	87	5,4	0,4	5,2	1,0	1,0	34
Champignon frisch	90	4,8	0,2	3,5	0,8	0,8	28
Pfifferling frisch	91,5	2,6	0,8	3,5	1,0	0,7	23
Kartoffel	74,9	2,0	0,1	20,9	1,0	1,1	91
Spinat	93,4	2,2	0,3	1,7	0,5	1,9	25
Gurke	95,2	1,2	0,1	2,3	0,8	0,4	8
Apfel	84,8	0,4	0,2	12,9	1,5	0,5	58
Roggenbrot	42,3	6,1	0,4	49,3	0,5	1,5	227
Milch	87,2	3,5	3,7	4,8	–	0,7	62
Butter	13,6	0,7	84,4	0,6	–	0,7	752
Ei	73,7	12,5	12,1	0,5	–	1,1	152
Rindfleisch mager	72,0	21,0	5,5	0,5	–	1,0	173
Hering	46,2	18,9	16,9	1,6	–	1,4	167

Die besten Pilzrezepte

Feine Pilzpastete

Für den Teig:
250 g Mehl,
100 g kalte Butter oder Margarine,
½ Tl Salz,
ca. ⅛ l Wasser;
für die Füllung:
1 kg gemischte Pilze,
100 g durchwachsener Speck,
2 mittelgroße Zwiebeln,
Salz,
frisch gemahlener schwarzer Pfeffer,
je ¼ Tl getrockneter Rosmarin und Thymian,
1 Bund Petersilie,
ca. 1 El Semmelbrösel;
Mehl zum Ausrollen,
1 Eigelb zum Bestreichen

Mehl in eine Schüssel geben, die kalte Butter oder Margarine in Flöckchen darauf verteilen. Salz und Wasser zugeben. Schnell zu einem glatten Teig verkneten und diesen 30 Minuten zugedeckt kühlen. Die Pilze gründlich putzen, eventuell waschen und gut abtropfen lassen. In Stücke schneiden. Den Speck fein würfeln. Eine schwere Pfanne erhitzen und die Speckwürfel darin auslassen. Zwiebeln schälen und hacken, zum Speck geben und unter Rühren goldgelb andünsten. Die Pilze zugeben und auf kleiner Flamme 10 Minuten dünsten. Vom Herd nehmen, mit Salz, Pfeffer, Rosmarin und Thymian würzen. Semmelbrösel und gehackte Petersilie untermischen und die Masse etwas abkühlen lassen.
Den Teig halbieren und auf einem mit Mehl bestreuten Backbrett zu zwei runden Platten von je etwa 30 cm Durchmesser ausrollen. Eine Pastetenform mit der einen Teigplatte auskleiden. Der Teig soll am Rand etwas überstehen. Die Pilzmasse auf dem Teig verteilen, die zweite Teigplatte darauflegen und an den Ränder gut zusammendrücken. Aus dem Deckel ein Loch ausstechen, damit der heiße Dampf entweichen kann. Die Pastete mit Figuren verzieren, die Sie aus Teigresten ausgestochen haben. Dann mit dem verquirlten Eigelb bestreichen und im vorgeheizten Backofen auf der mittleren Schiene bei 225° (Gas: Stufe 4) etwa 40 Minuten backen.

Gemüsetopf

1 kg Schmorgurken,
500 g Kartoffeln,
250 g gemischte Pilze,
300 g Tomaten,
100 g durchwachsener Speck,
1 große Zwiebel,
Salz, Pfeffer,
2 Tl Mehl,
1 El gehackte Petersilie,
1 El gehackter Dill

Gewaschene Gurken schälen, längs halbieren und die Kerne herauskratzen. Gurken in Stücke schneiden, geschälte Kartoffeln würfeln, gewaschene Pilze in Scheiben schneiden. Tomaten überbrühen, abschrecken, enthäuten und vierteln. Speck würfeln, geschälte Zwiebel hacken. Speck auslassen, die Zwiebel darin andünsten, Gurken, Kartoffeln und Pilze zugeben. Salzen und pfeffern. Zugedeckt etwa 20 Minuten garen. Tomaten untermischen und noch einmal 5 Minuten dünsten. Mehl mit Wasser anrühren, den Eintopf damit binden, einmal aufkochen. Dill und Petersilie untermischen und den Gemüsetopf servieren.

Pilzsuppe

500 g gemischte Pilze,
40 g Butter,
1 kleine Zwiebel,
30 g Mehl,
1 l heiße Fleischbrühe aus Würfeln,
Salz,
frisch gemahlener weißer Pfeffer,
1 Bund Petersilie,
⅛ l süße Sahne,
1 El süße Sahne

Die geputzten Pilze eventuell waschen, abtropfen lassen und in feine Scheiben schneiden. Geschälte Zwiebel fein hacken und in der Butter goldgelb andünsten. Pilze zugeben, etwa 5 Minuten unter Rühren dünsten. Salzen und pfeffern. Mit Mehl bestäuben, gut durchrühren und die Fleischbrühe langsam zugießen. Einmal umrühren, aufkochen und bei schwacher Hitze etwa 15 Minuten garen. Mit süßer Sahne abschmecken. Die fein gehackte Petersilie darüberstreuen, einen Eßlöffel süße Sahne auf die Suppe geben und das Gericht sofort servieren. Zur Pilzsuppe reichen Sie Bauernbrot mit Butter.

Rührei mit Pilzen

4 getrocknete Totentrompeten,
125 g mageres Schweinefleisch aus der Keule,
100 g Bambussprossen,
4 Eier,
2 Tl Sojasauce,
Salz,
frisch gemahlener weißer Pfeffer,
2 El Öl,
1 El gehackte Petersilie

Die Totentrompeten 1 Stunde einweichen, das Wasser weggießen und die Pilze gut abtropfen lassen. Schweinefleisch durchdrehen oder ganz fein hacken. Pilze und Bambussprossen fein würfeln. Die Eier mit der Sojasauce verquirlen. Schweinefleisch und Gemüse untermischen. Mit Salz und Pfeffer würzen. Öl in einer schweren Pfanne erhitzen. Eiermischung hineingeben. Mit der gehackten Petersilie bestreuen und das Rührei bei Mittelhitze garen. Auf eine vorgewärmte Platte stürzen und sofort mit Salat servieren.

Chinagericht mit Pilzen

250 g mageres Schweinefleisch aus der Keule,
1/2 Tasse Wassernüsse,
1/2 Tasse Zwiebelscheiben,
6 getrocknete Totentrompeten,
1 grüne Paprikaschote,
1 Tasse Sojabohnensprossen,
1 Tasse frische Champignons,
100 g Bambussprossen,
1/4 Tasse tiefgekühlte Erbsen,
1 kleine Stange Porree,
1 Knoblauchzehe,
2 Scheiben frische Ingwerwurzel,
4 El Öl,
1/2 El Salz,
1 El trockener Sherry,
1/2 Tasse Fleischbrühe,
4 Tl Sojasauce,
2 Tl Speisestärke,
2 El Wasser

Totentrompeten 1 Stunde einweichen, Flüssigkeit dann weggießen und die Pilze gut abtropfen lassen. Champignons putzen, in dünne Scheiben schneiden, ebenso Wassernüsse, Bambussprossen und den gewaschenen Porree. Paprikaschote waschen, aushöhlen und in Streifen schneiden. Fleisch gegen die Faser dünn schneiden. Knoblauchzehe schälen und zerdrücken. 2 Eßlöffel Öl in einer schweren Pfanne erhitzen. Alle Gemüse zufügen, unter Rühren 3 Minuten dünsten. Aus der Pfanne nehmen und warm stellen. Restliches Öl stark erhitzen. Salz, Knoblauch und geschälte Ingwerwurzel darin leicht anbräunen. Fleisch zugeben und unter Rühren in 3 Minuten bräunen. Sherry zugeben, 1 Minute rühren. Gemüse zum Fleisch geben, Brühe und 2 Tl Sojasauce zugeben und das Ganze zugedeckt bei schwacher Hitze in etwa 15 Minuten garen. Speisestärke mit dem Wasser und der restlichen Sojasauce anrühren. Das Chinagericht damit binden und sofort mit körnig gekochtem Reis servieren.
Die chinesischen Zutaten wie Wassernüsse, Bambussprossen und Sojabohnensprossen erhalten Sie in Dosen in jedem gut assortierten Supermarkt, ebenso frische Ingwerwurzeln. Diese werden wie Kartoffeln geschält.

Pilz-Salat

400 g Anisegerlinge oder Champignons,
100 g Edamer,
1 säuerlicher Apfel,
2 bis 3 El Salatmayonnaise,
1/8 l saure Sahne,
1 El gehackte Petersilie,
Salz,
frisch gemahlener weißer Pfeffer,
1 Tl Zitronensaft,
2 hartgekochte Eier

Salzwasser mit Zitronensaft zum Kochen bringen. Gesäuberte, in Scheiben geschnittene Pilze hineingeben und in etwa 20 Minuten garen. Käse in Streifen, den geschälten, entkernten Apfel in Scheiben schneiden und beides mit den erkalteten Pilzen mischen. Salzen und pfeffern. Mayonnaise mit Sahne vermengen, über den Salat gießen. Mit gehackter Petersilie und Eischeiben garnieren. Vor dem Servieren 30 Minuten kühlen. Erst bei Tisch mischen. Der Pilzsalat schmeckt mit Toast und Butter als Vorspeise oder als leichtes Abendessen.

Gegrillte Champignons

250 g Champignons (möglichst gleich groß), Öl zum Bestreichen, Salz, Pfeffer; für die Sauce: 250 g Salatmayonnaise, 1 El Kräutersenf, 1 kleine Zwiebel, 1 Tl Kapern, 1 kleine Gewürzgurke, Salz, weißer Pfeffer, Knoblauchsalz, 1 El gehackte, gemischte Kräuter (Petersilie, Dill, Schnittlauch, Estragon, Kerbel)

Die geputzten Champignons mit dem Öl bepinseln und auf dem Grillrost von allen Seiten bräunen. Mit Salz und Pfeffer würzen. Während der Grillzeit die Sauce zubereiten. Dazu geschälte Zwiebel, Gewürzgurke und Kapern fein hacken. Mit allen übrigen Zutaten vermischen. Die Kräuter zum Schluß unterheben.
Gegrillte Champignons mit der Sauce und Stangenweißbrot servieren.

Pilzsuppe mit Schinken

300 g Steinpilze oder Maronenröhrlinge, 50 g Butter, 1 kleine Zwiebel, Salz, weißer Pfeffer, 3 El Mehl, 1 l Fleischbrühe, 200 g gekochter Schinken, 1/8 l süße Sahne, 2 El gehackte Petersilie

Die Pilze sorgfältig putzen, waschen, abtropfen lassen und in feine Scheiben schneiden. Die geschälte Zwiebel hacken, Schinken in Streifen schneiden. Butter im Topf erhitzen, Zwiebel darin andünsten. Pilze zugeben, umrühren und 2 Minuten dünsten. Würzen und mit Mehl bestäuben. Brühe unter Rühren langsam zugeben. Zugedeckt bei schwacher Hitze 15 Minuten kochen. Schinken und Sahne zugeben und noch einmal erhitzen, jedoch nicht mehr kochen. Die Suppe auf vier Teller verteilen und mit Petersilie bestreut sofort servieren. Dazu schmeckt Toast.

Koteletts mit Pilzen

250 g Steinpilze, 20 g Butter, 1 kleine Zwiebel, 1 Knoblauchzehe, 2 El Sherry mediumdry, Salz, frisch gemahlener weißer Pfeffer, 4 El Öl, 4 Scheiben magerer, gekochter Schinken, 1 Bund Petersilie, 1 Prise getrockneter Rosmarin, 1/8 l saure Sahne, Alufolie

Steinpilze sorgfältig putzen, waschen, gut abtropfen lassen. Durch den Fleischwolf drehen. Butter in einem Topf erhitzen. Geschälte Zwiebel und geschälte Knoblauchzehe fein hacken und in der Butter andünsten. Pilze zugeben, unter Rühren anbraten. Sherry zugießen und das Ganze unter ständigem Rühren so lange schmoren, bis die Flüssigkeit verdampft und ein festes Püree entstanden ist. Mit Salz und frisch gemahlenem weißem Pfeffer abschmecken. Kalbskoteletts von den Knochen lösen. Fleisch mit Salz und Pfeffer einreiben. Das Öl in einer Pfanne erhitzen und die Koteletts darin von jeder Seite 2 Minuten braten. Aus der Pfanne nehmen und einmal quer durchschneiden. Schinkenscheiben in Kotelettgröße zurechtschneiden. Vier der Fleischscheiben mit der gebratenen Seite nach unten auf vier Stücke Alufolie legen. Die Hälfte des Pilzpürees darauf verteilen. Je eine Schinkenscheibe darauflegen und das restliche Püree darüberstreichen.
Mit den übrigen Fleischscheiben (die gebratene Seite nach oben) abdecken. Alufolie an den Seiten hochbiegen. Saure Sahne mit der gehackten Petersilie und dem Rosmarin mischen und über das Fleisch verteilen. Alufolie oben locker zusammenfalten, doch so, daß die Pakete dicht verschlossen sind. Auf dem Bratrost in den vorgeheizten Ofen auf die mittlere Schiene schieben und bei 220° (Gas: Stufe 5) etwa 20 Minuten garen.

Gefüllte Tomaten

350 g gemischte Pilze,
30 g Butter,
Salz,
Pfeffer,
8 schöne Tomaten,
150 g magerer,
gekochter Schinken,
1 El gehackte Petersilie,
4 bis 5 El Mayonnaise,
4 schöne Salatblätter

Die geputzten, in Scheiben geschnittenen Pilze in der Butter andünsten, salzen und pfeffern und in 20 Minuten garen. Erkalten lassen.
Von den Tomaten einen Deckel abschneiden. Die Tomaten aushöhlen und innen leicht mit Salz und Pfeffer würzen. Schinken würfeln, mit Petersilie, Pilzen und Mayonnaise mischen. Pikant mit Salz und Pfeffer abschmecken. Diese Masse in die Tomaten füllen, die Deckel wieder darauflegen, leicht andrükken und mit Mayonnaisetupfen verzieren. Richten Sie die Gefüllten Tomaten hübsch auf Salatblättern an. Dazu schmeckt Vollkornbrot mit Butter.

Steinpilze im Bierteig

500 g Steinpilze,
Salz,
frisch gemahlener
weißer Pfeffer,
175 g Mehl,
1 El Öl,
1/2 l dunkles Bier,
1/2 Tasse lauwarmes
Wasser,
1 Eigelb,
2 Eiweiß,
Pflanzenfett zum
Ausbacken

Geputzte Steinpilze in gleich große Stücke teilen. Kleine Pilze ganz lassen. Aus Mehl, Öl, Bier, Salz, Pfeffer und Wasser einen dickflüssigen Teig bereiten. Eventuell etwas weniger Wasser nehmen. Eigelb unterrühren und den Teig eine Stunde ruhen lassen. Dann das steifgeschlagene Eiweiß unterheben.
Pilze mit Salz und Pfeffer würzen. Durch den Teig ziehen und im heißen Fett schwimmend ausbacken. Auf Küchenpapier abtropfen lassen.
Heiß mit Remouladensauce und grünem Salat servieren.

Gebratene Milchlinge

500 g Milchbrätlinge,
100 g fetter Speck,
2 große Zwiebeln,
2 Knoblauchzehen,
2 Wacholderbeeren,
1/2 Tl Thymian,
Salz,
frisch gemahlener
schwarzer Pfeffer,
Mehl

Milchbrätlinge sorgfältig putzen, waschen und gut abtropfen lassen. In grobe Stücke schneiden.
Speck würfeln und in einer stark erhitzten, schweren Pfanne auslassen, bis sich Grieben bilden. Hitze verringern, die geschälten, gewürfelten Zwiebeln und die geschälten, gehackten Knoblauchzehen zugeben und andünsten. Pilze salzen, pfeffern und in Mehl wenden. In die Pfanne geben, Thymian und zerdrückte Wacholderbeeren zufügen und das Ganze wieder bei starker Hitze anbraten. Die Pilze dann bei geringerer Hitze in 20 Minuten fertig garen.
Beilagen: Brot und Salat.

Gegrillte Reizker

500 g rotmilchende, junge
Reizker,
100 g Butter,
1 El gehackte Petersilie,
Salz,
Saft von 1 Zitrone,
Alufolie

Pilze reinigen, Stiele entfernen. Die Pilze mit den Lamellen nach oben auf Alufolie legen und mit zerlassener Butter bestreichen. Auf den vorgeheizten Grill legen und etwa 15 Minuten garen, dabei mehrmals mit Butter einpinseln. Zum Schluß salzen, mit gehackter Petersilie bestreuen und noch einmal kurz übergrillen. Mit Zitronensaft beträufeln und sofort servieren.
Gegrillte Reizker schmekken als Beilage zu kurzgebratenem Fleisch. Mit Bratkartoffeln und gemischtem Salat ergeben sie eine Hauptmahlzeit.
Statt Reizkern können Sie alle festfleischigen Pilze, vor allem auch Pfifferlinge oder Stoppelpilze verwenden, die Sie in etwa 4 cm dicke Scheiben schneiden.

Champignons à la Grecque

Für die Marinade:
1½ Tassen Hühnerbrühe,
½ Tasse herber Weißwein,
½ Tasse Olivenöl,
5 El Zitronensaft,
3 Petersilienstengel,
1 Dillstengel,
1 große Knoblauchzehe,
¼ Tl getrockneter Thymian,
5 Pfefferkörner,
½ Lorbeerblatt,
½ Tl Salz;
500 g Champignons,
2 El gehackte Petersilie,
dünne Scheiben von
2 Zitronen

Für die Marinade alle Zutaten miteinander aufkochen und 45 Minuten leise kochen. Durchsieben. Erneut aufkochen. Die geputzten, gewaschenen Pilze hineingeben und 10 Minuten schwach kochen lassen. Marinade noch einmal abschmecken, die Pilze darin erkalten und etwa 4 Stunden ziehen lassen. Dann die Pilze mit wenig Marinade, bestreut mit Petersilie und garniert mit Zitronenscheiben, servieren.

Überbackene Pilze

500 g gemischte Pilze,
1 kleine Zwiebel,
50 g Butter,
3 Eier,
Salz, Pfeffer,
geriebene Muskatnuß,
5 El geriebener
Emmentaler,
4 El saure Sahne,
1 Bund Petersilie,
Butter zum Einfetten

Sorgfältig geputzte Pilze eventuell waschen, abtropfen lassen und in große Stücke schneiden. Zusammen mit der geschälten, gehackten Zwiebel in der erhitzten Butter 5 Minuten dünsten. Vier kleine Förmchen mit Butter einfetten. Pilze darin verteilen und leicht salzen. Eier mit Salz, Pfeffer, geriebener Muskatnuß, saurer Sahne und 2 Eßlöffeln geriebenem Käse verquirlen. Petersilie hacken und untermischen. Die Masse über die Pilze verteilen und diese mit dem restlichen Käse bestreuen. Im vorgeheizten Backrohr bei 200° (Gas: Stufe 4) etwa 15 Minuten goldbraun überbacken.

Jäger-Frühstück

1 kg gemischte Pilze,
1 große Zwiebel,
100 g Frühstücksspeck,
Salz,
frisch gemahlener
schwarzer Pfeffer,
1 Bund Petersilie,
4 Eier,
Butter zum Braten

Die Pilze sorgfältig putzen, waschen und gut abtropfen lassen. In Scheiben schneiden. Geschälte Zwiebel hacken, Frühstücksspeck fein würfeln. Den Speck in einer Pfanne auslassen. Zwiebel zugeben und goldgelb andünsten. Pilze zugeben und einmal durchrühren. Zugedeckt bei schwacher Hitze in etwa 20 Minuten garen.
Inzwischen die Butter in einer zweiten Pfanne zerlassen und Spiegeleier braten.
Petersilie fein hacken und unter die fertigen Pilze mischen. Pilze auf einer vorgewärmten Platte mit den Spiegeleiern anrichten und sofort servieren.
Dazu: Feldsalat und dunkles Brot mit Butter.

Panierte Schirmlinge

8 große Hüte von Riesenschirmlingen,
Salz,
schwarzer Pfeffer,
Mehl,
1 bis 2 Eier,
Semmelmehl,
Butter zum Braten,
1 Zitrone

Die Pilzhüte sorgfältig putzen, eventuell waschen und gut abtropfen lassen.
Mit Salz und etwas frisch gemahlenem schwarzem Pfeffer würzen.
Eier verquirlen. Die Pilzhüte zuerst in Mehl, dann in den Eiern und schließlich in Semmelmehl wenden. Überschüssige Panade abklopfen.
Butter in der Pfanne erhitzen und die Pilzhüte in etwa 15 Minuten von beiden Seiten schön goldbraun braten.
Auf vorgewärmten Tellern mit Zitronenspalten anrichten.
Dazu paßt gemischter Salat oder Tomatensalat.
Sie können die Schirmlinge auch in Bierteig tauchen und ausbacken.

Pikanter Pilzauflauf

500 g gemischte Pilze (Steinpilze, Maronenröhrlinge, Pfifferlinge),
3 Zwiebeln,
1 Knoblauchzehe,
Butter zum Dünsten,
½ l Milch,
20 g Speisestärke,
Wasser zum Anrühren,
Salz,
frisch gemahlener weißer Pfeffer,
1 Bund Petersilie,
6 Eier,
100 g geriebener Emmentaler oder Greyerzer,
Butter zum Einfetten

Geputzte Pilze waschen, gut abtropfen lassen und fein hacken. Zwiebeln und Knoblauchzehe schälen, beides ebenfalls fein hakken.
Butter in einem Topf erhitzen, Pilze zusammen mit Zwiebeln und Knoblauch darin anbraten. 10 Minuten unter Rühren dünsten. Etwas abkühlen lassen.
Milch in einem Topf aufkochen. Speisestärke mit wenig Wasser anrühren, zur Milch geben und unter Rühren noch einmal aufkochen lassen. Vom Herd ziehen.
Die Eier trennen. Eigelbe mit etwas Sauce verrühren, dann unter die Sauce ziehen. Käse eßlöffelweise unterrühren. Die Masse mit Salz und Pfeffer pikant abschmecken. Zum Schluß die gewaschene, gut abgetropfte, fein gehackte Petersilie untermischen.
Eiweiß mit etwas Salz zu steifem Schnee schlagen und vorsichtig unter die Sauce ziehen. Die Pilz-Masse unterheben.
Eine feuerfeste Form mit Butter einfetten und die Pilz-Masse einfüllen. An der Oberseite glattstreichen.
Die Form in den vorgeheizten Backofen auf die untere Schiene stellen und den Pilzauflauf bei 220° (Gas: Stufe 5) etwa 40 Minuten backen. Bitte öffnen Sie während der ersten 30 Minuten keinesfalls das Backrohr, sonst fällt der Auflauf zusammen.
Servieren Sie den Pilzauflauf sofort mit Kopfsalat in Kräutermarinade.
Wenn Sie die Zutaten halbieren, können Sie den Auflauf auch als pikante kleine Vorspeise reichen.

Panierte Reizker

500 g Edelreizker (oder Brätlinge),
Salz, weißer Pfeffer,
Saft von 1 Zitrone,
2 Eier,
Semmelmehl,
Fett zum Backen,
Sardellenringe, Kapern und Zitronenachtel zum Garnieren,
Salatblätter zum Anrichten

Die sorgfältig geputzten Pilze eventuell waschen und gut abtropfen lassen. Dann der Länge nach in etwa 1 cm dicke Scheiben schneiden und mit Salz und weißem Pfeffer würzen. Mit dem Zitronensaft beträufeln.
Eier gut verquirlen und die Pilze zuerst darin, dann im Semmelmehl wenden.
Reichlich Fett in einer Pfanne erhitzen. Die Pilze darin von beiden Seiten goldgelb braten.
Auf den gewaschenen, gut abgetropften Salatblättern anrichten und mit Sardellenringen, Kapern und Zitronenachteln garnieren. Sofort servieren. Dazu schmeckt gemischter Salat.

Jägerpastete

500 g gemischte Pilze,
40 g Butter,
1 große Zwiebel,
1 altbackenes Brötchen,
375 g gemischtes Hackfleisch,
3 Eier,
Salz, Pfeffer,
Speisewürze,
1 El Cognac,
1 Bund Petersilie,
⅛ l saure Sahne,
Butter zum Einfetten

Die geputzten, in grobe Stücke geschnittenen Pilze mit der gehackten Zwiebel in Butter 5 Minuten dünsten. Mit einem Wiegemesser fein zerkleinern. Hackfleisch, eingeweichtes und gut ausgedrücktes Brötchen, Eier, gehackte Petersilie, saure Sahne und Pilze mischen. Mit Salz, Pfeffer, Speisewürze und Cognac pikant abschmecken. Sollte die Masse zu weich sein, so geben Sie noch Semmelbrösel zu. Eine Kastenform gut mit Butter einfetten, die Masse einfüllen und im vorgeheizten Backrohr bei 250° (Gas: Stufe 5) garen. Dann stürzen und heiß servieren.

Pilzreis

500 g gemischte Pilze,
100 g Schinkenspeck,
1 große Zwiebel,
50 g Fett,
Salz, Pfeffer,
4 El süße Sahne,
1 Bund Petersilie,
250 g Reis,
2 El Öl,
1 l Wasser

Die sorgfältig geputzten Pilze waschen, abtropfen lassen und in Scheiben schneiden. Fett in einer Pfanne zerlassen, den gewürfelten Schinkenspeck darin ausbraten. Geschälte Zwiebel hacken, im Speckfett glasig dünsten. Pilze zugeben, einmal umrühren, salzen und pfeffern. In etwa 20 Minuten garen.
Inzwischen Öl in einem Topf erhitzen. Reis zugeben, kurz durchrühren, mit Wasser aufgießen und salzen. Zum Kochen bringen, dann auf kleiner Flamme körnig ausquellen lassen.
Die Pilze mit Sahne abschmecken. Gehackte Petersilie unterrühren und das Ganze mit dem gekochten Reis mischen.

Pilzschnitzel

1 große Krause Glucke,
2 Zwiebeln,
1 Knoblauchzehe,
Salz,
frisch gemahlener weißer Pfeffer,
2 El gehackte Petersilie,
½ Tl Currypulver,
Mehl,
2 Eier,
Semmelmehl,
Butter zum Braten

Pilz putzen, Zweige abschneiden und den Strunk in etwa 1½ cm dicke Scheiben schneiden. In kochendem Salzwasser 3 Minuten blanchieren und auf Küchenkrepp abtropfen lassen.
Geschälte Zwiebeln und Knoblauchzehe fein hakken und in der Butter hellgelb dünsten.
Semmelmehl mit Salz, Pfeffer, Petersilie und Curry mischen. Die Pilzscheiben zuerst in Mehl, dann in den verquirlten Eiern und schließlich im Semmelmehlgemisch wenden. In der Zwiebel-Butter von beiden Seiten goldgelb braten. Dazu servieren Sie Salzkartoffeln und gemischten Salat.

Pilzküchlein

500 g gemischte Pilze,
3 bis 4 altbackene Brötchen,
1 Ei,
Salz,
weißer Pfeffer,
1 Prise Majoran,
1 Bund Petersilie,
1 kleine Zwiebel,
100 g gekochter Schinken,
Fett zum Braten,
1 Ei und Semmelbrösel zum Panieren,
1 Zitrone zum Garnieren

Die sorgfältig gereinigten Pilze in grobe Stücke schneiden und in wenig Fett etwa 5 Minuten dünsten. Mit dem Wiegemesser fein zerkleinern. Eingeweichte, gut ausgedrückte Brötchen, gehackte Zwiebel und Petersilie sowie den gewürfelten Schinken mit den Pilzen mischen. Mit Salz, Pfeffer und Majoran pikant abschmecken. Aus der Masse kleine Küchlein formen, diese zuerst in verquirltem Ei, dann in Semmelbröseln wenden und in Fett beidseitig in etwa 15 Minuten goldbraun braten.
Mit Zitronenspalten anrichten.

Pizza mit Pilzen

Für den Hefeteig:
250 g Mehl,
20 g Hefe,
etwas Zucker,
Salz,
2 Eigelbe,
40 g Butter,
⅛ l lauwarme Milch;
für den Belag:
1 kg gemischte Pilze (z. B. Rotkappen, Maronenröhrlinge, Steinpilze, Täublinge, Perlpilze und Scheidenstreiflinge),
200 g durchwachsener Speck,
250 g Zwiebeln,
Salz,
frisch gemahlener schwarzer Pfeffer,
Rosmarin,
Knoblauchsalz,
1 Bund Petersilie,
250 g Trappistenkäse,
Öl zum Beträufeln

Für den Hefeteig das Mehl in eine Schüssel geben, in die Mitte eine Mulde drükken. Hefe zerbröckeln und mit etwas Zucker und Milch darin verrühren. Zugedeckt an einem warmen Ort 15 Minuten gehen lassen. Restliche Milch, Eigelbe, weiche Butter und Salz zugeben und alles zu einem glatten Teig verarbeiten. Den Teig schlagen, bis er Blasen wirft. 30 Minuten gehen lassen. Ein Backblech mit Alufolie auslegen, gut fetten und den Teig darauf dünn ausrollen. Mit etwas Öl beträufeln.
Für den Belag die Pilze sorgfältig putzen, eventuell waschen und abtropfen. In Scheiben schneiden. Speck würfeln und bei starker Hitze auslassen. Geschälte Zwiebeln hacken, zum Speck geben und glasig dünsten. Pilze zugeben, mit Salz, Pfeffer, Rosmarin und Knoblauchsalz würzen. 5 Minuten dünsten. Fein gehackte Petersilie untermischen.
Die Pilzmasse gleichmäßig auf dem Hefeteig verteilen. Trappistenkäse in feine Scheiben schneiden und auf die Pilze legen. Das Blech in den vorgeheizten Ofen auf die mittlere Schiene schieben und die Pizza bei 200° (Gasherd: 3½ bis 4½) etwa 45 Minuten bakken. Herausnehmen und sofort servieren.
Zur Pilz-Pizza schmecken gemischter Salat oder grüner Salat in Kräutermarinade.

Pilzeintopf

750 g gemischte Pilze,
2 grüne Paprikaschoten,
500 g Tomaten,
500 g Kartoffeln,
2 große Zwiebeln,
150 g Schinkenspeck,
Salz,
Paprikapulver,
½ Tasse heiße Fleischbrühe,
1 El Mehl,
4 El saure Sahne,
Fett zum Dünsten,
1 Bund Petersilie

Kartoffeln schälen und in Scheiben schneiden. Geputzte Paprikaschoten und Pilze in Stücke schneiden, geschälte Zwiebeln in Ringe. Tomaten mit kochendem Wasser überbrühen, abschrecken, häuten und vierteln. Den gewürfelten Schinkenspeck bei starker Hitze auslassen, Zwiebeln darin glasig dünsten. Alle Gemüse und Fleischbrühe zugeben und den Eintopf bei schwacher Hitze zugedeckt 20 Minuten garen. Mit Salz und Paprika abschmecken. Mehl mit saurer Sahne anrühren. Den Eintopf damit binden, einmal aufkochen und mit Petersilie bestreut servieren.

Champignon-Toast

125 g frische Champignons,
50 g Butter,
1 Tl Mehl,
Salz, weißer Pfeffer,
Zitronensaft,
2 El süße Sahne,
4 Scheiben Toastbrot,
Butter zum Bestreichen,
40 g geriebener Emmentaler,
1 Tl gehackte Petersilie

Champignons putzen und in Scheiben schneiden. In der erhitzten Butter etwa 15 Minuten schmoren. Salzen und pfeffern, Zitronensaft zugeben. Mit Mehl bestäuben, gut durchrühren und mit der süßen Sahne abschmecken.
Toastscheiben rösten, mit Butter bestreichen. Die Pilzmasse auf die vier Toastbrote verteilen und mit dem geriebenen Emmentaler bestreuen. Unter den vorgeheizten Grill schieben und überbacken bis der Käse zerläuft und leicht gebräunt ist.
Mit der gehackten Petersilie garnieren und sofort servieren. Dazu schmeckt grüner Salat.

Pilz-Pastetchen

4 Blätterteigpasteten,
400 g Pfifferlinge,
100 g geräucherter Speck,
1 Zwiebel,
2 Tl Mehl,
Salz,
frisch gemahlener weißer Pfeffer,
3 El süße Sahne,
1 El gehackte Petersilie

Pfifferlinge sorgfältig putzen, eventuell waschen und gut abtropfen lassen. Geräucherten Speck bei starker Hitze auslassen und die geschälte, gehackte Zwiebel darin glasig dünsten. Pfifferlinge zugeben und unter Wenden von allen Seiten anbraten. Mit Mehl bestäuben und gut durchschmoren. ½ Tasse heißes Wasser zugießen. Mit Salz und weißem Pfeffer würzen. In etwa 15 Minuten garen. Blätterteigpasteten in der trockenen Pfanne heiß werden lassen. Pfifferlinge mit Sahne abschmecken, Petersilie untermischen und die Pilze in die heißen Pasteten füllen. Sofort servieren.
Beilage: grüner Salat.

Pilz-Omelette

(Für 1 Person)

125 g Steinpilze,
1 El Butter,
1 El gehackte Zwiebeln,
1 El süße Sahne,
1 El gehackte Petersilie,
3 Eier,
Salz, Pfeffer,
30 g Butter,
5 g Speisestärke

Geputzte Steinpilze in feine Scheiben schneiden. 1 El Butter erhitzen, Zwiebel darin glasig dünsten. Pilze zugeben, salzen und pfeffern. In etwa 15 Minuten bei schwacher Hitze garen. Mit Sahne und Petersilie abschmecken und warm halten. Eier trennen, Eigelbe mit Salz und Pfeffer verquirlen. Steif geschlagenes Eiweiß unterheben. Restliche Butter in einer Pfanne zerlassen. Omelettmasse hineingeben und die Pfanne zudecken. Bei schwacher Hitze von einer Seite goldgelb backen. Auf einen vorgewärmten Teller gleiten lassen, mit den Pilzen füllen und sofort servieren.

Pilztopf

1 kg gemischte Pilze (z. B. Steinpilze, Pfifferlinge, Maronenröhrlinge, Perlpilze, Scheidenstreiflinge und Rotkappen),
50 g durchwachsener Speck,
75 g Margarine,
1 große Zwiebel,
Salz, weißer Pfeffer,
2 Tl Mehl,
1/8 l süße Sahne,
1 Bund Petersilie

Die Pilze sorgfältig putzen, eventuell waschen und in Scheiben schneiden. Gewürfelten Speck bei starker Hitze auslassen, Margarine zugeben und die geschälte, fein gehackte Zwiebel darin glasig andünsten. Pilze zugeben, einmal umrühren, salzen und pfeffern. Bei schwacher Hitze zugedeckt 20 Minuten garen. Mehl mit etwas Wasser anrühren, die Pilze damit binden und noch einmal aufkochen. Mit Sahne abschmecken. Gehackte Petersilie untermischen. Pilztopf mit Semmelknödeln servieren.

Pilzpfannkuchen

8 Eier,
6 El Milch,
Salz,
2 El Mehl,
80 g Butter,
1 kleine Zwiebel,
300 g gemischte Pilze,
100 g gekochter Schinken,
1 El gehackte Petersilie

Pilze sorgfältig putzen, in Scheiben schneiden. Gehackte Zwiebel in Butter andünsten, Pilze zugeben, salzen und bei schwacher Hitze etwa 15 Minuten garen. Gewürfelten Schinken und die Petersilie untermischen. Mehl mit Eiern, Milch und Salz verrühren und in reichlich Fett vier dünne Eierkuchen backen. Je eine Hälfte des fertigen Eierkuchens mit der Pilzfüllung belegen, die andere Hälfte darüberklappen. Warm stellen, bis alle Eierkuchen gebacken sind. Zu den Pilzpfannkuchen schmeckt gemischter Salat in Kräutermarinade.

Pilzsauce

40 g Butter, 40 g Mehl,
½ l Flüssigkeit (z. B. Fleischbrühe oder Einweichwasser von Trockenpilzen),
Salz, Pfeffer,
150 g bis 200 g frische Pilze oder 40 g getrocknete Pilze,
1 El gehackte Petersilie,
2 El Sahne

Frische Pilze sorgfältig putzen, eventuell waschen und gut abtropfen lassen. Ganz fein mit dem Wiegemesser zerkleinern. Getrocknete Pilze entweder 1 Stunde einweichen, abtropfen lassen (Wasser aufheben!) und ebenfalls mit dem Wiegemesser hacken oder sie trocken zu Pulver zerreiben.
Butter in einer Kasserolle zerlassen, Mehl hineinschütten und unter Rühren hell anschwitzen. Flüssigkeit langsam einrühren, einmal aufkochen und würzen. 10 Minuten kochen lassen, Pilze bzw. Pilzpulver zugeben und 5 Minuten kochen lassen. Mit Petersilie und Sahne abschmecken. Die Sauce paßt zu Fleisch.

Hühnerfrikassee mit Pilzen

1½ l Wasser,
1 Bund Suppengrün,
½ getrocknete Ingwerwurzel,
3 schwarze Pfefferkörner,
1 Lorbeerblatt,
1 Tl Salz,
300 g gemischte Pilze,
Fett zum Dünsten,
2 Kalbsbratwürste;
für die Sauce:
4 gestrichene El Mehl,
40 g Butter,
¾ l der Hühnerbrühe,
1 Tl Zitronensaft,
1 Stück Zitronenschale,
Salz,
weißer Pfeffer,
2 El süße Sahne

Wasser mit Salz zum Kochen bringen. Suppengrün waschen, grob zerkleinern und mit den Pfefferkörnern, Lorbeerblatt und Ingwerwurzel ins Wasser geben.
Suppenhuhn unter fließendem, kaltem Wasser innen und außen gründlich abspülen, abtropfen lassen und ins kochende Wasser legen. Etwa 2½ Stunden kochen, dann herausnehmen, die Haut abziehen, das Fleisch von den Knochen lösen und in mundgerechte Stücke schneiden.
Pilze sorgfältig putzen, in Scheiben schneiden und in erhitztem Fett etwa 15 Minuten dünsten.
Für die Sauce die Butter in einer Kasserolle schmelzen, Mehl hineinschütten und unter Rühren hell anschwitzen. ¾ l der durchgesiebten Hühnerbrühe langsam einrühren. Einmal aufkochen lassen. Mit Salz, weißem Pfeffer und Zitronensaft würzen. Zitronenschale in die Sauce geben. Das Fleisch der Bratwürste in kleinen Klößchen in die Sauce drücken und 10 Minuten bei schwacher Hitze ziehen lassen. Pilze und Hühnerfleisch zugeben und weitere 5 Minuten ziehen lassen.
Die Sauce mit der süßen Sahne abschmecken und das Hühnerfrikassee sofort servieren.
Dazu passen körnig gekochter Reis und Kopfsalat in Zitronen-Kräuter-Marinade.

Pilze mit Ei

*450 g Pfifferlinge,
30 g Butter,
1 Zwiebel,
50 g geräucherter Speck,
4 Tomaten,
6 Eier,
1 Prise geriebene Muskatnuß,
Salz,
frisch gemahlener schwarzer Pfeffer,
1 Prise Thymian*

Tomaten mit kochendem Wasser überbrühen, abschrecken und häuten. In etwa 2 cm dicke Scheiben schneiden. Zwiebel schälen und ebenfalls in dünne Scheiben schneiden. Butter in einer Pfanne erhitzen, den gewürfelten Speck und die Zwiebel darin anbraten. Tomatenscheiben und die geputzten Pfifferlinge zugeben. Mit Salz und Pfeffer würzen. Etwa 20 Minuten garen.
Eier mit Salz, Pfeffer, Muskatnuß und Thymian verquirlen und über das Gemüse gießen. Bei milder Hitze stocken lassen.
Dazu: Weißbrot und grüner Salat.

Fleischtopf mit Pilzen

*500 g Kalbfleisch aus der Keule,
2 El Öl,
2 Zwiebeln,
400 g gemischte Pilze,
300 g Kartoffeln,
½ l Fleischbrühe,
Salz, Pfeffer,
½ Tl Zucker,
2 El süße Sahne,
2 El gehackte Petersilie*

Kalbfleisch würfeln und mit den geschälten, fein gehackten Zwiebeln im erhitzten Öl anbraten. Kartoffeln schälen und würfeln. Zum Fleisch geben, mit Salz, Pfeffer und Zukker würzen. Einmal umrühren, Fleischbrühe angießen und den Topf schließen. Bei schwacher Hitze etwa 40 Minuten garen. Nach 20 Minuten die geputzten, in grobe Stücke geschnittenen Pilze zugeben.
Den fertigen Fleischtopf mit der süßen Sahne abschmecken und mit der gehackten Petersilie bestreut servieren.

Pilzrouladen

*4 große Scheiben Rinderrouladen,
300 g Steinpilze,
30 g Butter,
1 Zwiebel,
50 g Räucherspeck,
Salz, schwarzer Pfeffer,
Knoblauchsalz, Thymian,
2 El Öl, 1 El Mehl,
¼ l Fleischbrühe,
⅛ l saure Sahne*

Steinpilze putzen, eventuell waschen und abtropfen lassen. Geschälte Zwiebel und Räucherspeck würfeln. In der erhitzten Butter andünsten, Pilze zugeben und etwa 5 Minuten dünsten.
Rouladen dünn klopfen, salzen und pfeffern. Pilze auf den Fleischscheiben verteilen. Mit Knoblauchsalz und Thymian würzen. Zusammenrollen und mit Rouladenklammern feststecken. Öl erhitzen, Rouladen scharf anbraten. Mit Mehl bestäuben, Brühe angießen. Rouladen zugedeckt bei milder Hitze etwa 90 Minuten schmoren. Sauce mit saurer Sahne abschmecken.

Pilztoast

*4 Scheiben Toastbrot,
Butter zum Bestreichen,
300 g gemischte Pilze,
20 g Margarine,
100 g gekochter Schinken,
4 gehäufte El geriebener Emmentaler,
Salz, Pfeffer,
1 El gehackte Petersilie,
2 El saure Sahne*

Pilze sorgfältig putzen, wenn nötig waschen und gut abtropfen lassen. In Scheiben schneiden. Margarine in einer Pfanne schmelzen, die Pilze zugeben und etwa 20 Minuten auf kleiner Flamme dünsten. Mit Salz und Pfeffer abschmecken, saure Sahne und gehackte Petersilie untermischen, ebenso den gewürfelten Schinken. Die Brotscheiben leicht toasten und auf einer Seite mit der Butter bestreichen. Das Pilzgemüse auf die Toastscheiben verteilen, jeden Toast mit je einem Eßlöffel des geriebenen Emmentalers bestreuen. Toast in den vorgeheizten Grill schieben und überbacken, bis der Käse zerläuft.

Pilze im Reisring

500 g gemischte Pilze,
250 g Kalbsleber,
2 große Tomaten,
1 grüne Paprikaschote,
1 Zwiebel,
50 g Butter,
1 El Mehl, Wasser,
Salz, weißer Pfeffer,
1/4 l süße Sahne,
250 g Reis, Wasser

Die geputzten Pilze und die Leber in Scheiben schneiden. Gehäutete Tomaten vierteln, geputzte Paprikaschote in Streifen, geschälte Zwiebel in Ringe schneiden. Butter zerlassen, Zwiebel und Paprikaschote darin andünsten. Tomaten, Pilze und Leber zugeben, umrühren und das Ganze auf kleiner Flamme etwa 20 Minuten garen. Reis in Salzwasser kochen. Mehl mit Wasser anrühren, Pilze binden, einmal aufkochen, würzen und mit der Sahne abschmecken. Den gekochten Reis in eine gefettete Ringform pressen, auf eine vorgewärmte Platte stürzen und die Pilze in den Ring füllen.

Register

❊ ❊ ❊

Register der Rezepte

In dieser farbenfrohen Reihe sind bisher erschienen:

Gaumenfreuden aus Europas Küchen

150 ausgewählte Rezepte aus 25 Ländern. 125 Seiten mit 90 Farbfotos.

So macht Backen richtig Spaß

170 Rezepte für einfache und raffinierte Kuchen, saftige Obsttorten, kleine und große Back-(Kunst-)Werke. Dazu ein »ABC des Backens«, damit alles gelingt. 125 Seiten mit 80 Farbfotos.

So schmeckt Fleisch besonders gut

150 Rezepte für pikante Gerichte vom Schwein, Rind, Kalb und Lamm. 125 Seiten mit 105 Farfotos.

Die besten Rezepte aus der Kalten Küche

Über 200 Rezepte für schnelle Snacks, bunte Brote, große Platten, Saucen, Dips und Mayonnaisen, kalte Braten, Pasteten, Salate, Beilagen und kühle Süßigkeiten. 125 Seiten mit 104 Farbfotos.

Das neue Pilzbuch

Pilze sicher bestimmen, richtig sammeln und schmackhaft zubereiten. Pilzführer und Kochbuch in einem Band! 125 Seiten, 78 Farbfotos, 48 Zeichnungen.

So macht Grillen noch mehr Spaß

Die Einführung in die Grillkunst mit vielen Tips zu allem, was sich schmackhaft grillen läßt. 125 Seiten mit 170 Rezepten und 65 Farbfotos.

Was schlank macht und gut schmeckt

Der praktische Ratgeber mit vielen wertvollen Tips und 130 Rezepten. Mit Diätplänen, Nährstoff- und Joule-/Kalorientabellen. 125 Seiten mit 83 Farbfotos.

Köstlichkeiten schnell gezaubert

200 Rezepte für die »schnelle Küche« mit genauen Zubereitungszeiten. 125 Seiten mit 101 Farbfotos.

Tiefgekühlte Köstlichkeiten

Der moderne Ratgeber für den Umgang mit Tiefkühlkost. 125 Seiten mit 117 Rezepten und 84 Farbfotos.

So macht man gute Farbfotos

Professionelle Fotografen verraten, wie auch Amateure bessere Farbfotos machen können. Tips für Porträts, Feste und Feiern, Landschafts- und Tieraufnahmen. Dazu ein Kurs über Blende, Zeit, Filter und Objektive. 125 Seiten mit 150 beispielhaften Farbfotos.

TOMUS

Tomus Verlag GmbH Prinzenstraße 7 8000 München 19